Martin Eder

Zusammenfassung des Buches "Allgemeine Agrargeographie" von Adolf Arnold

GRIN Verlag

Bibliografische Information der Deutschen Nationalbibliothek:

Die Deutsche Bibliothek verzeichnet diese Publikation in der Deutschen National-
bibliografie; detaillierte bibliografische Daten sind im Internet über http://dnb.d-
nb.de/ abrufbar.

Impressum:

Copyright © 2015 GRIN Verlag, Open Publishing GmbH
Druck und Bindung: Books on Demand GmbH, Norderstedt Germany
ISBN: 978-3-668-00515-0

Dieses Buch bei GRIN:

http://www.grin.com/de/e-book/301710/zusammenfassung-des-buches-allgemeine-
agrargeographie-von-adolf-arnold

Allgemeine Agrargeographie

Adolf Arnold. 1997. *Allgemeine Agrargeographie*. Klett Verlag.

1   Die Agrargeographie als wissenschaftliche Disziplin

1.1   Aufgaben der Agrargeographie - Charakteristika der Agrarproduktion

Definition Agrargeographie:

Wissenschaft von der räumlichen Ordnung und räumlichen Organisation der Landwirtschaft

nach Otremba: Wissenschaft von der durch die Landwirtschaft gestalteten Erdoberfläche, sowohl als Ganzes als auch in ihren Teilen, in ihrem äußeren Bild, ihrem inneren Aufbau und ihrer Verflechtung → physiognomische, strukturelle und funktionale Elemente der Agrarlandschaft

Definition Landwirtschaft:

planmäßige Bewirtschaftung des Bodens zum Zwecke der Gewinnung pflanzlicher und tierischer Produkte

weitere gemeingesellschaftliche Ziele: Pflege der Kulturlandschaft, Wahrnehmung von Umweltschutzaufgaben, Bereitstellung von Erholungsräumen → gilt nur für Industrieländer

Hauptziel der Agrargeographie: räumliche Differenzierung der verschiedenen Erscheinungsformen der Landwirtschaft zu untersuchen

Untersuchungsobjekt: Agrarraum (=gesamte irgendwie landwirtschaftlich genutzte Teil der Erdoberfläche; ca. 32 % Fläche der festen Länder, 10 % wird als Ackerland genutzt) innerhalb dessen: landwirtschaftliche Produktion, komplexe Vielfalt von Produkten, Produktionsmethoden, Organisationsformen

Hauptmerkmal der Landwirtschaft: extrem räumliche Unterschiede

Grundprinzip: Erzeugung pflanzlicher und tierischer Produkte

4 Hauptproduktionsketten von Nahrungsmitteln der Landwirtschaft: vgl. Abb. 1.1, S. 10

Schlüsselstellung der Landwirtschaft: Nahrungsmittelproduktion, industrielle Rohstoffe (bei sinnvoller Nutzung zeitlich unbegrenzt, Vergleich zu nicht regenerierbaren mineralischen Rohstoffen und fossilen Energieträgern)

fast Hälfte der Erwerbstätigen in Landwirtschaft (Agrarquote schwankt dabei aber extrem)

1.2 Die Entwicklung der Agrargeographie

früher Vertreter der agrargeographischen Betrachtungsweise: J. Nepomuk v. Schwarz

Klassiker aus dem Jahre 1826: J. Heinrich v. Thünen → Inhalt seines Werkes: Einfluss der Marktentfernung auf die Form des landwirtschaftlichen Betriebs; wollte mit seinem Modell die Differenzierung des Agrarraums durch rein ökonomische Einflüsse erklären; landwirtschaftliche Standorttheorie

Ende des 19. Jahrhunderts: Th. H. Engelbrecht: unterschied mit Hilfe der Agrarstatistik weltweite Landbauzonen; nach Prinzip der Schwergewichtsverbreitung der Nutzpflanzen erstellte er eine räumliche Differenzierung des Agrarraums der Erde dar

Kurz vor 1.WK Begründer Agrargeographie: H. Bernhard, P. Hillmann, R. Krzymowski (s. S. 13-17)

1.3 Agrargeographie und Nachbarwissenschaften

Zuordnung zur Wirtschaftsgeographie; Teildisziplinen der Allgemeinen Kulturgeographie; Naturwissenschaften; Sozial- und Wirtschaftswissenschaften

2   Allgemeine Einflussfaktoren des Agrarraumes

Agrarraum der Erde = buntes Mosaik von Agrarsystemen

2.1   Die natürlichen Einflussfaktoren des Agrarraumes

landwirtschaftliche Primärproduktion basiert auf Photosynthese (= Fähigkeit der Pflanzen,
aus Wasser, anorganischen Mineralien des Bodens, Kohlendioxid der Atmosphäre organische Substanzen aufzubauen, erforderliche Energie aus der Sonneneinstrahlung)
auf pflanzlicher baut tierische Produktion auf

2.1.1   Die vermeintliche Beherrschung der Natur

Überwindung natürlicher Schranken - Frage von Kapitaleinsatz und Technologieentwick-
lung
- in den gemäßigten Breiten: am ehesten steuerbar, Produktionsfaktor Boden durch fortlau-
fende Bodenbearbeitung, verbessert Bodenstruktur, Umbruch starker Böden mit hohem
Tonanteil durch Traktoren, Tiefpflügen, Mineraldünger, organische Dünger, Gründünger;
Dränagesysteme
- in ariden Zonen und Tropen: schnell Grenzen erreicht
- fast nicht steuerbar, Faktor Klima: Großklima gar nicht möglich, Mikroklima begrenzt,
z.B. mit Hilfe von Windschutzhecken, Bewässerungssysteme; Wärme und Licht nur durch
hohen Kapitalaufwand steuerbar, Treibhäuser mit Verdunklungsanlagen → nur kleinflä-
chig für ertragsintensive Kulturen

2.1.2   Naturfaktoren als Kostenfaktoren

- überwiegende Selbstversorger: Erzeugung der lebensnotwendigen Produkte und die unter
den gegebenen Bedingungen produziert werden können
- marktwirtschaftlicher Betrieb: Konkurrenz der Mitbewerber miteinzuberechnen, Spezialisierung auf diejenigen Erzeugnisse, die optimal an seinem Standort gedeihen können →
wenn mehrere dieser Art und Weise folgen, dann wird aus der einzelbetrieblichen Speziali-

sierung eine räumliche; Voraussetzungen: effektives Transport- und Verteilungssystem, niedrige Transportkosten

- seit Beginn der Industrialisierung: allgemeine Abhängigkeit der Landwirtschaft von den Naturfaktoren hat sich verringert, aber Ausbildung größerer Wirtschaftsräume und Senkung der Transportkosten führte zu einer größeren Berücksichtigung der natürlichen Faktoren

2.1.3   Natürliche Gunst und Ungunsträume

- natürliche Standortfaktoren unterliegen einer konstanten ökonomischen Bewertung → deshalb lassen sich auch keine Gunst- und Ungunsträume unterscheiden
- Bewertung des Naturraumes steht zunächst in Relation zum jeweiligen technologischen Entwicklungsstand (früher wurde nicht Boden gesucht, der fruchtbar war, sondern der am leichtesten zu bearbeiten war); außerdem muss Naturpotential in Bezug zur Produktionsrichtung gesetzt werden (jeder Produktionsfaktor hat andere Ansprüche für Standort)
- heute neigt man im Zeichen der betrieblichen Spezialisierung entweder zum reinen Grünland- oder zum reinen Ackerbaubetrieb
- Abgrenzung begünstigter Agrargebiete in Relation zu anderen (gleicher technologischer Entwicklungsstand vorausgesetzt!) nach folgenden Kriterien:
  - hohe pflanzliche Bruttoproduktion je Flächeneinheit als Funktion von Ertragskraft der Böden und der Länge der thermischen und hygrischen Vegetationszeit
  - hohe Variationsbreite der Produktionsmöglichkeiten
  - geringes Ertragsrisiko
  - langfristige Stabilität des Ökosystems

2.1.4 Belastungs- und Regenerationspotentiale

Bei Umwandlung des Urwaldes in Ackerland wurden 2 ökologische Grundprinzipien verletzt:

- der Anbau von annuellen Systemen ersetzte die perennierenden Waldsysteme mit ihren langlebigen Pflanzen
- Monokulturen im Rahmen dieser annuellen Systeme traten an die Stelle der Artenvielfalt des früheren Waldes

Aber: meistens bildete sich ein neues Gleichgewicht im Landschaftshaushalt aus

vgl. Abb. 2.1, S. 25

→ Globale Potentialgrenzen

Bodendegradation, gravierendstes Problem weltweit

Definition: dauerhafte oder irreversible Veränderung der Strukturen und Funktion von Böden oder der Verlust, die durch physikalische und chemische oder biologische Belastungen entstehen und die Belastbarkeit des jeweiligen Systems überschreiten

- Wassererosion = am gefährlichsten in den Gebirgsräumen der Tropen und Subtropen
- Winderosion v.a. Sahelzone mit Ausweitung der Ackerflächen mit immer kürzeren Bracheperioden
- Versalzung: unzureichende Dränage oder Entwässerung
- Vernässung: zu hohe Wassergaben
- Bodenverschmutzung: in Mitteleuropa
- Sonderfall: Desertifikation

    Definition: Landdegradation in ariden, semiariden und trockeneren subhumiden Zonen, hauptsächlich infolge menschlicher Eingriffe

    Auswirkungen: Bodendegradation, v.a. durch Winderosion, betrifft v.a. weitgehende Zerstörung der Vegetation und die Störung des Wasserhaushaltes

tritt auf in Räumen mit hoher Niederschlagsvariabilität mit mehrjährigen Dürreperioden

- Rodung: Zerstörung eines Ökosystems mit hohem Produktionspotential
- Übertragung von ungeeigneten Nutzungsweisen aus anderen Klimazonen

dadurch großräumige ökologische Schäden in den Trockengebieten und in den Tropen; immer wieder wurde versucht, die moderne Landwirtschaft der Agrarrevolution, die den Böden, Klimaten und Kulturpflanzen der gemäßigten Breiten entspricht, auf andere Klimate zu übertragen

- Schäden durch Übertragung: nach Zerstörung der natürlichen Grasnarbe, Schäden durch äolische und fluviatile Erosion (in Steppengebieten der USA und UdSSR); ausgelöst durch: fehlende Vegetationsdecke im Winter und Bodenbearbeitung, die zu einer Reduzierung der bodenstabilisierenden Huminstoffe führt.

→deshalb nötig: Entwicklung angepasster Agrarsysteme

bedeutet unter anderem kurzzeitiger Gewinnverzicht zugunsten einer langen Stabilität

ð   Schweres Konfliktpotential: Wasserressourcen

in Entwicklungsländern Landwirtschaft Hauptwasserverbraucher, steigender Nahrungsbedarf erfordert Ausweitung der Bewässerungsfläche

→ künftige Wasserversorgung: quantitative Verknappung

                        Verschlechterung der Wasserqualität nach Einführung intensiver Methoden

vgl. Abb 2.2, S. 26

→ *Potentialgrenzen industrieller Landwirtschaft*

landwirtschaftlich genutzte Flächen: dienen der landwirtschaftlichen Produktion   =

biologische Produktionsfunktion

                Erfüllung wichtiger Funktionen der Umweltsicherung

                (z.B. Grundwasserbildung)

in Industrieländern lange verdrängt: Schäden in der Umwelt durch Landwirtschaft

Unterscheidung folgender Belastungen:

- physikalische Belastung

Bodenerosion und Bodenverdichtung (Entstehung durch Verwendung schwerer Maschinen: Boden wird in Fahrgassen verknetet, Infiltration des Niederschlagswassers wird behindert, dadurch verstärkter Oberflächenabfluss, sinkende Erträge, da Wurzelwachstum behindert wird)

- chemische Belastung

Einsatz von Mineraldünger, Vergrößerung der Tierbestände → erhöhter Anfall von organischem Dünger, Erhöhung des Nährstoffvorrats im Boden, Gewässer eutrophieren durch Ausschwemmung, Nitratanreicherung im Grundwasser

Anreicherung von Pflanzenschutzmitteln in Boden und Grundwasser, Kontamination von Schwermetallen im Boden

- biologische Belastung

durch extrem enge Fruchtfolgen, Verarmung der Pflanzengesellschaften gegenüber der alten Fruchtwechselwirtschaft durch Begünstigung von Pflanzen mit hohen Bodenansprüchen

- Luftverschmutzung

klimawirksame Spurengase wie Ammoniak, Kohlendioxid, Methan

- Streben nach technikgerechten Nutzflächen

rührt aus Anforderungen der Landtechnik nach großen, leicht zu befahrenden Schlägen

- Artenschwund

Verschwinden vieler Tier- und Pflanzenarten

ð Umweltbelastungen regional sehr unterschiedlich, in D folgende Gebiete stark belastet:

- intensive Ackerbaugebiete der Bördenzone von Hannover bis Leipzig, am Niederrhein, in den Gäuzonen SüdD: vorherrschende Marktfruchtbetriebe wirtschaften vielfach viehlos, Fruchtfolge ist auf 3 Glieder eingegrenzt: Weizen - Wintergerste - Zuckerrübe/Raps

- Gemüse- und Sonderkulturgebiete am Oberrhein, Mosel, Main und Neckar

- Veredelungsgebiete mit hohem Tierbesatz im westlichen Niedersachsen; Hauptproblem hier: Nitratanreicherung im Grundwasser

Konsequenz: Orientierung zur alternativen Bewirtschaftung (versucht mit naturnahen Methoden zu produzieren und dabei die natürliche Bodenfruchtbarkeit zu bewahren)

2.1.5   Teilfaktoren des geoökologischen Komplexes

→ *Klima und Witterung*

Definition Klima: mittlerer Zustand der Atmosphäre über einem Gebiet während eines

längeren Zeitraums

Untrennbares Kompendium im Freiland: Temperatur, Strahlungs- und Wasserhaushalt,

Luftbewegungen

- Licht

liefert die Energie für Assimilationsprozesse, beeinflusst die Formbildung der Pflanze,

steuert beim Reifeprozess der Frucht den Gehalt von Eiweiß, Zucker und Aromastoffen

differiert auf der Erde nach Intensität und Dauer der Einstrahlung

Lichtverhältnisse nicht nur abhängig von der geographischen Breite, sondern auch von

der Höhenlage, von dem Wasserdampfgehalt der Luft, vom mittleren Bevölkerungs-

grad

- Wärme

setzt Grenzen für Anbaumöglichkeiten, sehr wichtig ist der Temperaturgang während

der Vegetationsperiode

produktives Pflanzenwachstum erst bei Temperaturen über 5°C, Keimungstemperatu-

ren niedriger

- Dauer der Vegetationszeit

aus agrargeographischer Sicht eine der wichtigsten Klimagrößen

bei Unterschreitung von 90-100 Tagen: Rentabilitätsgrenze des Ackerbaus wird er-

reicht

kurze Vegetationszeit ist nachteilig, weil

der Ackerbau auf wenige kurzlebige Pflanzen beschränkt wird

die Zeiten für die Feldbestellung und Ernte eingeengt sind

während der langen Arbeitsruhe das Kapital gebunden wird und so die Kapitaleffi-

zienz verringert wird

lange Vegetationszeit ermöglicht dagegen

evtl. 2 Ernten im Jahr

ist Voraussetzung für Zwischenfruchtbau

Insgesamt: Dauer der Vegetationszeit ist nur grobes Kriterium für möglichen Nutzungsweisen; maritime Klimate haben lange Vegetationsperioden, doch ist Reifezeit wegen der niedrigen Sommertemperaturen und der reduzierten Einstrahlung länger

- Wasser

  Wasser für Pflanze notwendig für Erhaltung des Quellzustandes ihres Zellplasmas, für Assimilation, für Aufrechterhaltung des Transportstroms aus dem Wurzelbereich zu den transpirierenden Blättern

  Wasserverbrauch setzt sich zusammen aus Verdunstung des Bodens und der Pflanze; schwankt mit Wachstumsphase (oft: in Hauptwachstumsphase und vor Fruchtansatz hohe Wassergaben nötig, dagegen bei Reife rapider Rückgang)

  Niederschläge wirken nie allein, sondern immer in Korrelation mit Boden, Temperatur...

  Temperatur steuert Verdunstung von Boden und Pflanzen = Evapotranspiration

  Verhältnis von Niederschlag und Temperatur ergibt Humidität bzw. Aridität eines Raumes

  3 Formen der Niederschlagsunstetigkeiten:

      Variabilität des Jahresniederschlags

      Variabilität des Niederschlagseinsatzes zu Beginn einer Vegetationsperiode

      Variabilität der Niederschlagstätigkeit innerhalb einer Vegetationsperiode

- Witterung

  = Ablauf des wechselnden Wettergeschehens im Jahresgang, von besonderer Bedeutung

  bestimmt den zeitlichen Ablauf der landwirtschaftlichen Arbeiten

  Wetterrisiko: Schwankungen der Flächenerträge, zeitliche Verschiebung der Erntetermine, damit oft verbunden Einbußen

  Wetterrisiko kann begegnet werden durch: Technologieeinsatz, angepasste Anbautechniken, diversifizierte Produktion (Ertragsausgleich mit anderen Produkten)

- Boden

  lokale Bodenverhältnisse entscheiden, welche der vom Klima tolerierten Pflanzen tatsächlich angebaut werden

Hauptproduktionsmittel der Landwirtschaft, = oberste, belebte Verwitterungsrinde der Erde

sehr unterschiedliches Produktionspotential unterliegt Zusammenspiel verschiedener Faktoren:

- Physikalische Eigenschaften

Korngrößenstruktur, Krümelung, Porenvolumen entscheidet über das Wasser und Lufthaushalt; Grundwasser wird in feinen Poren als Haftwasser festgehalten, Aufnahme dann von Pflanzenwurzeln, hinreichende Durchlüftung, ermöglicht den Gausaustausch und die Aufnahme von Sauerstoff

Tiefgründige, an Feinsand reiche Lehm- und Lößboden können so viel Niederschlag aufnehmen, dass längere Trockenperioden überstanden werden können

- Chemische Eigenschaften

bestimmt durch den Gehalt von Nährstoffen, Spurenelementen und organischen Substanzen

- Biologische Eigenschaften

vielfältiges Wirken von Bakterien, Pilzen, Bodentieren; Abbau von Pflanzenresten, Überführung in einfache organische Verbindungen, Freisetzung von Mineralien

Bodenfruchtbarkeit: natürliche, nachhaltige Fähigkeit zur Pflanzenproduktion

2.2 Ökonomische Einflussfaktoren des Agrarraumes

landwirtschaftliche Aktivitäten unterliegen ökonomischen Gesetzmäßigkeiten nach Übergang zur kommerziellen, marktorientierten Produktion

2.2.1 Produktionsfaktoren

Volkswirtschaft: unterscheidet Produktionsfaktoren

Arbeit (Unternehmertätigkeit, Tätigkeit der Familienangehörigen, Lohnarbeiter),

Boden (im pedologischen Sinne und als Betriebsfläche aufzufassen),

Kapital (Geldkapital, Gebäude, Maschinen, Betriebsmittel, Vieh, Dauerkulturen)

Betriebswirtschaft: Güter, Dienste, Rechte – für Agrargeographie jedoch VWL ausreichend!

Zusammenhang zwischen Produktionsfaktoreinsatz und Ertrag → Gesetz vom abnehmenden Ertragszuwachs nach TURGOT

<u>Inhalt des Gesetzes:</u> bei fortlaufender Vermehrung der variablen Einsatzmenge eines Produktionsfaktors um jeweils eine Einheit und gleichzeitiger Konstanz der übrigen Faktoreinsatzmengen wird der Ertragszuwachs abnehmen

Gesetz nicht immer und überall gültig, erst bei einer bestimmten Einsatzmenge nehmen die Ertragszuwächse ab → vgl. Tab. 2.3 S.40

Mit Gesetz lässt sich der optimale Produktionsmitteleinsatz ermitteln (ist erreicht, wenn der in Geld bewertete Grenzertrag gleich dem Preis des Produktionsmittel ist

Kombination der 3 Produktionsfaktoren in einem optimalen Mengenverhältnis

→ Minimalkostenkombination (teuere Produktionsfaktoren sparsam einsetzen, billige dagegen reichlich)

Vgl. Abb. 2.4, S: 42 Möglichkeiten der Faktorenkombination

Verschiedene Kombinationsmöglichkeiten bilden einen wichtigen ökonomischen Erklärungsansatz für die Differenzierung des Agrarraums der Erde:

- Entwicklungsländer mit niedriger Bevölkerungsdichte
- Entwicklungsländer mit hoher Bevölkerungsdichte, Boden ist knapp und teuer, minimale Betriebsflächen, Arbeitskräfte im Überfluss, Ergebnis: arbeits- und bodenintensive Wirtschaftsweise mit mittleren Hektarerträgen
- Industrieländer mit hoher und niedriger Bevölkerungsdichte: gemeinsame Züge, hohe Kosten bei Arbeit, reichliche Ausstattung mit Kapitalgütern, im Zuge der Industrialisierung wurde Arbeitseinsatz immer mehr durch Kapitaleinsatz ersetzt

2.2.2 THÜNENs Standort- und Intensitätslehre

wichtigste Gesetzmäßigkeiten für die räumliche Ordnung der Landwirtschaft

restriktive Annahmen bei Modellkonstruktion:
Existenz eines isolierten Staates, keinerlei Verbindung zur übrigen Welt; Staat wird durch eine einzige große Stadt beherrscht, die der Landwirtschaft als Versorgungszentrum dient; Transportkosten steigen proportional zur Entfernung des Produktionsstandorts vom Absatzort und zum Gewicht des Produkts
Vgl. Abb. 2.3 S. 44

Unterschiedliche Entfernung – unterschiedliche Transportkostenbelastung – gleiches Produkt – unterschiedliche Erzeugerpreise

Erzeugerpreise errechnen sich aus: Differenz zwischen Marktpreis (für alle Produzenten gleich) und Transportkosten (je nach Entfernung unterschiedlich hoch)
Gewinn des Betriebs errechnet sich aus: Marktpreis – (Produktionskosten + variablen Transportkosten) = bei ortsüblicher Bewirtschaftung auch als Grundrente anzusehen bzw. Landrente

Grundrente erwirkt räumlichen Differenzierungsprozess der landwirtschaftlichen Erzeugung:
Selektion der pflanzlichen und tierischen Produkte nach dem Grad ihrer Transportkostenempfindlichkeit
Steigerung der Intensität, d.h. Steigerung des Arbeits- und Kapitalaufwands je Flächeneinheit mit zunehmender Marktnähe

In Nähe der Stadt werden Produkte angebaut, die im Verhältnis zu ihrem Wert ein großes Gewicht haben, oder einen großen Raum einnehmen, und deren Transportkosten nach der Stadt so bedeutend sind, dass sie aus entfernteren Gegenden nicht mehr geliefert werden (Produkte, die leicht verderben!); größere Entfernung von der Stadt, v.a. Produkte mit niederen Transportkosten (Zuckerrüben, Kartoffel)

Frischmilch erbringt eine hohe Grundrente, Transportkostenbelastung hoch, Erzeugung in größerer Entfernung nur sinnvoll, wenn Milch durch Verminderung des Wassergehalts veredelt wird

Vgl. Abb. 2.4, S. 46

Thünen`schen Kreise:

gliedert die Produktionszweige und Betriebssysteme mit zunehmender Marktentfernung

1. Kreis:	freie Wirtschaft, leichtverderbliche Produkte, transportkostenempfindliche Güter

2. Kreis:	Forstwirtschaft, hohe Transportkosten, stadtnah Brennholz, stadtfern Nutz-holz

3. Kreis:	Fruchtwechselwirtschaft, Ackerbau in intensiver Form zw. Halm- und Blatt-frucht

4. Kreis:	Koppelwirtschaft, Feldgraswirtschaft, abwechselnde Nutzung Acker und Weide

5. Kreis:	Dreifelderwirtschaft, extensivste Form des Getreideanbaus mit Brache

6. Kreis:	Viehzucht, in selbständiger Form als Weidewirtschaft, Erzeugnisse hoher Wert und relativ niedrige Transportkosten

Vgl. Abb. 2.5, S. 47

Modellkritik: Auswirkungen von Wasserstraßen; Auswirkungen der Technisierung und ökonomische Veränderungen – Unterscheidung von den fiktiven Annahmen; Anstieg der Weltbevölkerung, Steigerung der Nachfrage nach Nahrungsgütern hat unbedeutende Land-reserven aufgezehrt; in Industrieländern Entwicklung des Verkehrwesens; heute schnelle Transportmöglichkeiten und Kühltechnik; Senkung der Transportkosten durch Eisenbahn, LKW ...; Stadtwald heute Naherholungsfunktion

Jedoch: prinzipielle Gültigkeit der Theorie bleibt unbestritten

2.2.3   Der Agrarmarkt

Agrarmarkt ist der ökonomische Ort, der dem Ausgleich von Angebot und Nachfrage dient, gliedert sich räumlich, zeitlich und sachlich in Teilmärkte; kann unterschieden werden nach Warengattungen oder nach räumlichen Reichweite

Marktorientierung wird gemessen an der Vermarktungsquote der landwirtschaftlichen Produktion, räumliche und zeitliche Unterschiede
- Vertriebssysteme

  Einteilung der Nachfrager in 5 Gruppen: Direktkonsumenten (Lokalmärkte der Entwicklungsländer, Wochenmärkte in Industrieländer), Agrarhandel, Absatzgenossenschaften der Erzeuger, Handwerkliche und industrielle Be- und Verarbeiter, Landwirte

- Elastizitätsbegriff

  gibt Verhältnis zwischen prozentualen Mengenänderungen des Angebots oder der Nachfrage zu den sie verursachenden Preisänderungen bzw. Einkommensänderungen wieder

  Preiselastizität der Nachfrage bzw. des Angebots gibt an, um wie viel sich die angebotene oder nachfragende Menge ändert

  Einkommenselastizität der Nachfrage bzw. des Angebots misst die Reaktion der Haushaltsnachfrage nach Nahrungsmitteln bei Einkommensänderungen
- Nachfrage und Konsumgewohnheiten

  selten konstant, unterliegt folgenden Faktoren:

  Demographische Entwicklung, Einkommensverhältnisse, Preisrelationen zwischen den verschiedenen Agrarprodukten, Konsumgewohnheiten

  Ohkawa-Gleichung zur Berechnung der Nachfrageentwicklung – vgl. S. 51

  wichtigste Ursache der Nachfrageexpansion: Bevölkerungswachstum und in Industrieländern Einkommensentwicklung

  Einkommensabhängigkeit der Nachfrageentwicklung wirkt sich folgendermaßen aus: Steigender Wohlstand, Ausgaben wachsen für Nahrungsmittel schneller als Einkommen – Engel'sches Gesetz (Fallen der Nahrungsmittelpreise verursacht keinen größeren Konsum)

von bestimmter Einkommenshöhe an wandelt sich die Nachfrage nach Nahrungsmitteln in qualitativer Sicht – Ernährungssitten, unterliegen

- Ökologischen Faktoren (natürliche Standortbedingungen der Agrarproduktion, bilden den äußeren Rahmen für die verfügbaren Nahrungspflanzen und Nutztiere)
- Ökonomischen Faktoren (Korrelation zwischen Einkommen und Ernährungssitten, Ernährung wird von sozialen und kulturellen Steuerungsfaktoren beeinflusst; Wertvorstellungen zur Ernährungsweise, Sozialisierungsprozess, Identitätsabgrenzung von sozialen Gruppen; in reichen Industrieländern, Bevorzugung biologischer Anbauprodukte, Fleischverzehr wieder rückläufig, da gesundheitliche Bedenken, ethische Gründe)

- Angebot

Geringe Elastizität des Angebots ist wichtiges Merkmal des Agrarmarktes; landwirtschaftliche Produktion kann nur bedingt und mit Verzögerung auf veränderte Nachfragesituationen reagieren, Gründe dafür: Abhängigkeit von sich kaum veränderbaren Naturfaktoren, Abhängigkeit der Produktion vom jahreszeitlichen Vegetationsrhythmus, lange Dauer des Produktionsprozesses

- Marktpreis

Bei freiem Wettbewerb ergibt sich aus funktionalem Zusammenspiel von Angebot und Nachfrage der Marktpreis, in Geldeinheiten ausgedrückter Wert eines Gutes

Steigende Preise vermehren Angebot und vermindern Nachfrage und umgekehrt

Vgl. Abb. 2.9, S. 59

Geringe Elastizität von Nachfrage und Angebot haben starke Preisschwankungen zur Folge

- Räumliche Ordnung der Agrarmärkte

Funktionale Zuordnung von Liefer- und Konsumräumen und ihre Verflechtungen

- auf mondialer Ebene Verfolgung der Güterströme relativ einfach
- auf nationaler und regionaler Ebene durch Entwicklung von komplexen Verkehrs- und Distributionssystemen immer schwieriger geworden

durch Ausbildung von Verarbeitungs- und Handelsketten mit hohem Mengenumsatz wurden Einbeziehungen von weltweit verteilten Lieferquellen möglich

Unterscheidung von 3 verschiedenen Reichweiten beim Absatz pflanzlicher Güter:
Lokalhandel auf Dorfebene
Regionalhandel zur Versorgung der kleinen Dienstleistungszentren
Interregionaler Handel zur Versorgung der größten Städte

2.2.4 Der Agrarbetrieb

kleinste wirtschaftliche Einheit des Agrarraumes ist der Agrarbetrieb

nach Definition von STEINHAUSER: örtliche, technische und organisatorische Produktionseinheit, in der die Produktionsfaktoren zusammengefasst sind und durch planmäßiges Handeln der Betriebsleitung zur Gütererzeugung kombiniert werden

- *Betriebsgröße*

für Produktionsrichtung und Intensität der Bewirtschaftung bedeutend

je kleiner die Betriebsfläche desto höher ist Arbeitspotential je Hektar

arbeitsintensive Betriebszweige vorwiegend von Kleinbetrieben

In allen Industrieländer Grundtendenz zu steigenden Betriebsflächen, gegenläufige Entwicklung in den Entwicklungsländern, in denen die Agrarbevölkerung über keine Landreserven mehr verfügt bzw. auch durch die Anwendung des Realteilungsrechts im Verhältnis 2:1 für Söhne und Töchter

- *Agrarbetriebe im Wechselspiel integrierender und differenzierender Kräfte*

Differenzierung in einfache Produktion (Einproduktbetriebe) und verbundene Produktion (Produktion von mehreren Produkten, unterschiedliche Kombination der einzelnen Produktionsrichtungen:

parallele Produktion

konkurrierende Produktion: knappe Produktionsfaktoren konkurrieren

Koppelproduktion: bei Erzeugung eines Produkts fallen auch andere an, Bsp. Milch-Kälber

Integrierende und differenzierende Kräfte, die je nach ihrer Dominanz den Betrieb zu einer vielseitigen oder einseitigen Organisation tendieren lassen

Bedeutende integrierende und differenzierende Kräfte vgl. S. 65

Zwang zur Spezialisierung in der pflanzlichen und tierischen Produktion ergibt sich aus den hohen Kosten der Großmaschinen und Stallanlagen (Maschinengemeinschaften!), oft nötig - Zerlegung der Produktion in einzelne Stufen

In Industrieländern sind Betriebe heute mehr den differenzierenden Kräften ausgesetzt

2.3 Individuelle und soziale Einflussfaktoren

Determinanten schwieriger zu fassen als die ökonomischen und ökologischen!

Handlungen von Menschen sind abhängig von:

jeweilige Situation, personales System, soziales System, kulturelles System

Mikroebene: Verhalten eines Betriebsleiters oder einer kleinen Sozialgruppe entscheidet

Makroebene: übergeordnetes kulturelles System zur Erklärung regelhaften menschlichen Verhaltens in Großräumen

2.3.1 Persönlichkeit des Betriebsleiters

Unterscheidung zwischen ökonomischen (Gewinn, ständige Zahlungsfähigkeit, Erhaltung der Betriebssubstanz für weitere Generationen, Betriebsvergrößerung, flexible Betriebsorganisation zur Erhöhung der Sicherheit) und außerökonomischen (Streben nach Prestige und Macht, Streben nach Erhaltung oder Steigerung des sozialen Rangs, Streben nach sozialer Einordnung, nach ausreichender Freizeit) Zielsetzungen

Verhältnis der Zielsetzungen abhängig vom Alter, Betriebsgröße, Vermarktungsquote der Produktion, Bildungsstand und Verfügbarkeit von Informationen

Grundvoraussetzung für Steigerung der Agrarproduktion der 3. Welt ist bessere Qualifizierung der Landwirte

2.3.2   Soziale Gruppen

besonders in Landwirtschaft bedeutend, da vorwiegend in kleinen flächenhaften Siedlungen vorkommend

- *Genealogische Gruppen*

Familie oft wichtigste Sozialgruppe, Familie und Betrieb bilden oft eine Einheit
In Entwicklungsländern Großfamilien, in denen vertikal mehrere Generationen und horizontal mehrere Familien zusammengeschlossen sind; soziale Absicherung

- *Interaktions- und Lebensformengruppen*

vor allem Dorfgemeinschaften, auch in Industrieländern

- *Ethnische Gruppen*

Räumliche Differenzierung der Landwirtschaft kann in der ethnischen Heterogenität der Bevölkerung begründet sein

- *Gruppen unterschiedlicher Erwerbstruktur*

Unterscheidung zwischen Vollerwerbs-, Zuerwerbs- und Nebenerwerbsbetrieb; Sondergruppe für Industrieländer Hobbylandwirte, v.a. Wein- und Obstbau

- *Verfügung über die Produktionsmittel*

Unterscheidung zwischen Eigentum (=unumschränkte Verfügungsgewalt über ein Grundstück) und Besitz (=Bewirtschaftung auf eigene Rechnung)
Grundtypen:
Kleineigentumslandwirte
Verfügung ist über das wichtigste landwirtschaftliche Produktionsmittel auf viele Familien verteilt
Weltweit in mehreren Regionaltypen

- Großeigentumslandwirte

Betriebsflächen von weit überdurchschnittlicher Ausdehnung zu eigen, wird entweder durch eine Vielzahl von Pächtern kleinbetrieblich bewirtschaftet oder als einheitlicher Großbetrieb

Weltweit unter verschiedenen Typenbegriffen: Gutsbesitzer, Latifundieneigentümer

- Landwirtschaftliche Produktionsgemeinschaften

Gemeinsame Verfügung über Produktionsmittel und gemeinsamer Abstimmung über den Produktionsprozess

Mexikanische Ejidos, israelische Kibbuzim

In Entwicklungsländern häufig Ziel, Aufbau von landwirtschaftlichen Produktionsgemeinschaften, bekanntes Beispiel Ujamaa Konzept von Tansania

- Kollektive Landbewirtschaftung in den sozialistischen Staaten

Staat herrscht über Führung und Produktion, selbständiger Bauer wird zum Landarbeiter

- Landwirtschaftliche Nutzungseigentümer

Landwirte haben in traditionellen Agrargesellschaften kein individuelles Bodeneigentum, nur ein Anrecht auf individuelle Bewirtschaftung

Häufig im tropischen Afrika, Boden ist sozialen Gruppen anvertraut, Bewirtschaftung erfolgt individuell oder durch Großfamilien

Nachteile des Systems: Erschwerung der Kapitalbeschaffung infolge fehlender Sicherheiten, mangelnde Investitionsbereitschaft, Missbrauch der Machtpositionen durch die landvergebenden Eliten

- Pächter

Soziale Position ist je nach Pachtverhältnis unterschiedlich

Hofpacht (in BRD selten), Parzellenpacht, Teilpacht (Zins ist hier nicht fixiert, sondern eine vereinbarte Quote vom Rohertrag; arabische Oasenwirtschaft Khammessats, italienische Mezzadria, südfranzösische Metayage, in dichtbesiedelten Agrarländern Asiens, westafrikanischer Kakaogürtel)

Pachtdauer hat auf sozialen Status und das Wirtschaftsverhalten der Pächter größten
Einfluss

- Landarbeiter

Einzige Sozialgruppe unter der landwirtschaftlichen Bevölkerung, die nicht in eigener
Entscheidung über die landwirtschaftlichen Produktionsmittel verfügen können
Unterscheidung nach 3 Hauptgruppen: Gesinde, ständig beschäftigte Lohnarbeiter,
nicht ständig beschäftigte Lohnarbeiter
In Industrieländern Zahl stark geschrumpft, da Rationalisierung Mechanisierung
In Entwicklungsländern gegenläufige Tendenz, da rascher Bevölkerungsanstieg, Ange-
bot an nichtagrarischen Arbeitsplätzen kann dem nicht folgen; vor allem alle Intensiv-
kulturen

2.4 Politische Einflussfaktoren

Unter Agrarpolitik sind die Gesamtheit der Bemühungen und Maßnahmen des Staates und
der von ihm autorisierten Körperschaften zu verstehen, die darauf abzielen, die Entwicklung und Gestaltung der Landwirtschaft zu beeinflussen.
Träger der Agrarpolitik: staatliche Institutionen, Körperschaften des öffentlichen Rechts,
internationale Institutionen

2.4.1 Entwicklung der staatlichen Agrarpolitik

Einflussnahme des Staates ist uralt
Schutzzölle, Agrarprotektionismus

2.4.2 Regionale Differenzierung der Agrarpolitik

Ziele der Agrarpolitik sind abhängig vom Selbstversorgungsgrad mit Nahrungsmitteln, von
der sozioökonomischen Stellung der Landwirtschaft innerhalb der Volkswirtschaft
Unterteilung der Staaten der Erde in 3 Gruppen:

Entwicklungsländer

Landwirtschaft 4 zentrale Aufgaben:

Produktion von Nahrungsmitteln für rasch wachsende Bevölkerung und Rohstoffe für die entstehende Verarbeitungsindustrie

Abgabe von überschüssigen Arbeitskräften für den sekundären und tertiären Wirtschaftssektor

Beitrag für die Kapitalakkumulation in den nichtlandwirtschaftlichen Sektor leisten, Erwirtschaften von Devisen für Importe; dabei wichtigste Aufgabe: Nahrungsmittel für Grundversorgung produzieren

oft Vernachlässigung der Landwirtschaft zugunsten der Industrialisierung

Ursache für stagnierende oder auch rückläufige Agrarproduktion: zu niedrige Erzeugerpreise

Wichtige Einnahmequelle für Staatskasse: Differenz zw. niedrigen Erzeugerpreisen und höheren Weltmarktpreisen

Internationales Rohstoffabkommen: extreme Preisschwankungen auf den Weltmärkten entgegen kommen (Kakao, Kaffee, Zucker, Jute)

Entwickelte Länder mit unzureichender Selbstversorgung und entwickelte Länder mit Agrarüberschüssen

Agrarpreise steigen langsamer als die Faktorkosten, Landwirt gerät in Preis-Kosten-Schere, Folge: Steigerung der Arbeitsproduktivität, wird von immer weniger Produzenten erbracht

Unterschiede erklären sich aus den jeweiligen Selbstversorgungsquoten

bei Überschüssen restriktive Maßnahmen die Produktion in Grenzen zu halten

2.4.3 Teilbereiche und Instrumente der Agrarpolitik

Vgl. Übersicht 2.8, S. 88

Hauptziele:

Verbesserung der Lebensverhältnisse im ländlichen Raum und Teilnahme der in der Land- und Forstwirtschaft Tätigen an der allgemeinen Einkommens- und Wohlstandsentwicklung

Versorgung der Bevölkerung mit qualitativ hochwertigen Produkten zu angemessenen Preisen

Verbesserung der agrarischen Außenwirtschaftsbeziehungen und der Welternährungslage

Sicherung und Verbesserung der natürlichen Lebensgrundlagen, Erhaltung der biologischen Vielfalt, Verbesserung des Tierschutzes

→ Verfolgung der Ziele nur unter Zielkonflikten möglich

- *Markt- und Preispolitik*

Kernstück der Agrarpolitik

freie Preisbildung dominiert aus dem funktionalen Zusammenspiel von Angebot und Nachfrage, fast nur noch auf den Weltmärkten

Agrarpolitisches Lenkungsmittel in der Hand des Staates: Preisbildung für Hauptnahrungsmittel ist von Weltmärkten abgekoppelt

in entwickelten Staaten haben Agrarpreise heute primär Einkommensfunktion für Erzeuger

Marktordnungen der EU: steuern Angebot, Nachfrage und Preis (nur für folgende Produkte: Getreide, Reis, Zucker, Obst, Gemüse...)

[Richtpreis, Interventionspreis, Schwellenpreis vgl. S. 90]

EU - Reform der Agrarpolitik von 1992: Agrarüberschüsse, für öffentliche Haushalte waren diese nicht mehr finanzierbar, Bauern erhielten direkte Ausgleichzahlungen, Flächen wurden stillgelegt, wenn Bauer Zahlungen beantragte

außerhalb der EU – Festpreise: gelten oft in Kriegswirtschaften, in Planwirtschaften der sozialistischen Staaten: In USA Preisgarantien

Weitere wichtige Maßnahme: Senkung der Produktionskosten

in allen Industrieländern, Landwirtschaft minimale Steuerlast

in Entwicklungsländern: landwirtschaftliches Kreditwesen

Subventionierte Preise für Betriebsmittel

Steuerung der Angebotsmenge: Festlegung von Lieferkontingenten, Fixierung von Anbauflächen, Erhebung von Erzeugerabgaben, Abschlachtprämien für Milchkühe in EU, Flächenstilllegung in USA, Rodungsprämien

Steuerung der Nachfrage weitaus schwieriger: Rationierung, gerechte Verteilung, Verwendungs- und Beimischungszwang, Abgabe von Nahrungsmitteln zu Vorzugspreisen

- *Strukturpolitik*

alle Maßnahmen zur Verbesserung der Produktions- und Arbeitsbedingungen

in Entwicklungsländern: Schwerpunkt liegt hier auf Reform der Eigentums- und Besitzverhältnisse (Umverteilung des Bodeneigentums, Individualisierung des Bodeneigentums, Bildung von Produktionsgemeinschaften, Verbesserung des Pachtwesens), Bodenbewirtschaftungsreform zur Steigerung der Produktion (Verbesserung der Produktionstechnik, Übergang von Subsistenz- zu Marktprodukten, Organisation des Marktwesens, Organisation des Kreditwesens) → beide Maßnahmen Hauptbestandteile der Agrarreformen in den Ländern der 3. Welt

in Industrieländern völlig neue Aufgaben: Maßnahmen der allgemeinen Landeskultur, Flurbereinigung, Verbesserung der Lebensverhältnisse

bedeutende Aufgabe der staatlichen Förderpolitik ist heute die Schaffung neuer Erwerbsquellen

- *Agrarsozialpolitik*

darunter werden verschiedene Maßnahmen verstanden, je nachdem in welchem sozioökonomischen Entwicklungsstand sich das betreffende Land befindet

BRD: Einbeziehung der landwirtschaftlichen Bevölkerung in die Systeme der sozialen Sicherheit (Unfallversicherung, Altersversicherung...)

- *Regionalpolitik*

Bemühungen zum Abbau regionaler Disparitäten, meist aber nur untergeordnete Rolle

Förderprogramme, Bewirtschaftungsprämien

- *Umweltpolitik*

geringster Stellenwert! Erst dann stärkere Berücksichtigung, wenn Umweltschäden die ökonomischen Grundlagen der Landwirtschaft bedrohen

- *Bedeutung der Agrarpolitik*

in den meisten Industriestaaten beeinflusst Agrarpolitik die Landwirtschaft mehr als die anderen Wirtschaftssektoren

2.4.4   Räumliche Auswirkungen agrarpolitischer Maßnahmen

Politische Entscheidungen werden auf folgenden 4 Maßstabsebenen wirksam:

Regionale Ebene

Nationale Ebene

Supranationale Ebene

Mondiale Ebene

Nationale – in EU supranationale – wichtigste Raumeinheit, politischer Gestaltungswille hat hier seine stärkste Ausprägung

- Staatliche Maßnahmen:

Älteste Aufgabe staatlicher Agrarpolitik: Erschließung neuer Siedlungs- und Nutzflächen = Agrarkolonisation; in Entwicklungsländern immer noch bedeutende Rolle

Flurbereinigung: tiefgreifendster Eingriff in die Agrarlandschaft, wandelt Parzellengefüge, räumt Flur aus, schafft neues Wege- und Gewässernetz, lockert Siedlungen

Bodennutzung: hier sind Auswirkungen der staatlichen Markt- und Preispolitik am schwierigsten festzustellen

Staatsgrenzen: räumlichen Auswirkungen hier am besten zu verfolgen, da hier verschiedene politische Zielsetzungen im gleichen Naturraum aufeinandertreffen (BRD-DDR); Wegfall von Grenzen wirkt sich oft in Richtung großräumiger Spezialisierung aus

3   Der Agrarraum der Erde und seine Grenzen

3.1 Umfang

Landfläche Erde: 149 Mio. km²

Landwirtschaftlich genutzt davon 1/3

davon wieder 1/3 Acker- und Dauerkulturland, 2/3 meist sehr extensiv genutztes Weide-
land

Daten sind mit Vorsicht zu genießen, da starke Schwankungen alljährlich zu verzeichnen
sind, Daten werden von FAO erstellt

bei Verteilung des Ackerlandes – große regionale Unterschiede:

Europa ca. 28 %, höchster Wert (klimatische Begünstigung!)

Asien, Afrika, Australien alle ca. 6 %, Inselcharakter, Weidefläche übertrifft hier Acker-
fläche um ein Vielfaches

Potentielles Ackerland, das bisher noch nicht bestellt wurde: größten Teile in Lateinamerika, subsaharisches Afrika; Südasien und Vorderer Orient kaum noch Reserven

Bevölkerungsanstieg muss durch Ertragssteigerungen auf den bereits bestellten Ackerflächen erfolgen → wichtiger Beitrag hierzu wäre die Verbesserung und Ausweitung der Be-
wässerungsflächen (pflanzliche Produktion lässt sich dadurch um ein Mehrfaches steigern,
kaum noch Ertragsschwankungen, Anbauspektrum ist sehr vielseitig, optimale Anpassung
an Marktlage, in allen Klimazonen möglich, in denen Anbau möglich ist)

Asien – 2/3 der Weltbewässerungsfläche!

3.2 Innere und äußere Grenzen

3.2.1   Phänomen der Anbaugrenze

Innere Differenzierung des Agrarraums der Erde erfolgt über die unterschiedlichen ökologischen Standortangebote, in diesem Areal werden nur diejenigen Nutz- und Kulturpflanzen angebaut, die den Standortanforderungen entsprechen

→   bestimmte Nutzungsweise ist an ein bestimmtes Areal gebunden, Grenzen hierfür

        ergeben sich aus dem Zusammenspiel natürlicher und ökonomischer Faktoren

Biologische Grenze: ökologisches Standortangebot verschlechtert sich; absolute Grenze, ist nicht zu verändern, außer das Standortangebot (Bewässerung) oder die genetischen Standortanforderungen (Züchtung) ändern sich

→ primär klimatische Faktoren, die diese Grenze in Form von Trocken-, Polar- und Höhengrenze determinieren

klimabedingte Anbaugrenzen sind meistens mit folgenden Merkmalen ausgestattet:

> abnehmende Zahl von Kulturpflanzen und Nutztieren
>
>> reduzierte Zahl von Betriebszweigen
>>
>> abnehmende Flächenerträge
>>
>> zunehmendes Ernterisiko

Rentabilitätsgrenze: Funktion aus Aufwand und Ertrag, ist einer starken Schwankung unterworfen, ist eine relative Grenze; wandert in Richtung biologische Grenze, wenn sich der Aufwand verringern lässt und zieht sich zurück, wenn der Aufwand steigt, z.B. bei Lohnsteigerungen

Effektive Grenze: umreißt das tatsächliche Anbaugebiet, Abstand von der Rentabilitätsgrenze ist abhängig von der Einkommenserwartung der landwirtschaftlichen Bevölkerung und von der Möglichkeit, auf andere Einkommensquellen auszuweichen

Vgl. Abb. 3.1, S. 103

Trockengrenze und Polargrenze sind als Grenzsäume ausgebildet, in denen sich 3 qualitativ unterschiedliche effektive Grenze bündeln:

> Grenze des großflächigen geschlossenen Anbaus
>
> Grenze großflächiger Anbauinseln
>
> Absolute Verbreitungsgrenze

Außengrenzen des Agrarraumes der Erde lassen sich nur auf der Grundlage des Anbaus von Kulturpflanzen angeben, da die Grenzen der viehwirtschaftlichen Nutzung unsicher sind und jährlichen und jahreszeitlichen Schwankungen unterliegen.

Zwischen agronomischer Grenze und landwirtschaftlicher nicht mehr nutzbaren Wüsten- und Frost-Schutzzonen: viehwirtschaftliche Zone, in unterschiedlichen Intensitätszonen ausgebildet

3.2.2 Trockengrenze

Agronomische Trockengrenzen sind Anbaugrenzen, die durch ein unzureichendes Standortangebot an natürlicher Feuchtigkeit verursacht werden

liegen jenseits der klimatischen Trockengrenze

resultieren aus einem komplexen Wechselspiel zwischen Wasserangebot und Wassernachfrage, lassen sich nicht einfach durch Niederschlagswerte angeben

Trockengrenze für großflächigen regelmäßigen Getreideanbau

→ Angabe durch das Dry-Farming-System

Anbau endet durch den auf die Ackerparzelle fallenden Niederschlag; jenseits dieser Grenze ist nur noch ein episodischer Anbau auf Regenverdacht und auf Bestellung von Flächen möglich, die mit Wasser (z.T. künstlich) versorgt werden können

In wechselfeuchten Randtropen: Dauer und Intensität der humiden Jahreszeit für die Bestimmung der agronomischen Trockengrenze besser als die Jahressumme der Niederschläge

3.2.3 Polargrenze

Polargrenzen des Anbaus sind Wärmegrenzen, primärer Minimumfaktor ist Wärme, kann durch die erhöhte Einstrahlung während des langen Polartages nur bedingt ersetzt werden.

Polargrenze des Getreideanbaus – in Südamerika bei ca. 42°S und in Norwegen bei ca. 64°

3.2.4 Höhengrenze

agronomische Höhengrenze ist nur fragmentarisch ausgebildet, scheidet nur relativ kleine Areale aus dem Agrarraum der Erde aus

Höhengrenze des Anbaus – primär Wärmemangelgrenze, kann kleinräumig durch Gesteinsart, Böden, Hangneigung, Exposition zur Sonne und zur Hauptwindrichtung erheblich modifiziert werden

Große Höhenunterschiede erfordern auf kurzer Distanz einen verstärkten Einsatz menschlicher, tierischer und mechanischer Energie

Mit zunehmender Hangneigung – Aufwand wächst, Ertrag sinkt

Terrassenfeldbau: kann auch steile Hänge nutzen, hoher Arbeitskräfteaufwand, nur in Billiglohnländern deshalb anwendbar

Agronomische Höhengrenze: größte Höhen in den trockenen Randtropen, Subtropen, im Inneren von Gebirgen mit Massenerhebungseffekt

Höhengrenze unterliegt komplexen klimatischen Faktoren, da sie auch die Merkmale ihrer Klimazone, der sie angehört, reflektiert (hygrische Jahreszeiten und hohe Einstrahlung in den Rand- und Subtropen, thermische Jahreszeiten in den höheren Breiten)

Kein Vergleich der Anbauverhältnisse mit denen der Polargrenze, obwohl beide primär auf Wärmemangel zurückzuführen sind

Vgl. Abb. 3.3, S. 109

3.3   Expansions- und Kontraktionsphasen

Schwankung der Anbaugrenzen wird meist durch ein komplexes Wirkungsgefüge aus den folgenden 4 Faktoren bedingt:

ð   Demographische Faktoren:

Bevölkerungswachstum erzwingt die Ausweitung der Anbaufläche, bei rückläufiger Entwicklung schrumpft sie entsprechend

ð   Ökonomische Faktoren:

Marktorientierte Landwirtschaft unterliegt dem Ertragsgesetz; Grenzertrag wird im Grenzsaum des Agrarraums viel früher erreicht, als in den begünstigten Kernräumen

ð   Politische und soziale Faktoren:

Schwankung der Außengrenze der Ackerbaugebiete war häufig historisches Ergebnis von

Auseinandersetzungen verschiedener Gesellschaften

ð   Ökologische Faktoren:

witterungsbedingte Missernten, können letztendlich zur Aufgabe einer Kultur führen; grö-

ßeren Einfluss haben anthropogene Umweltschäden wie Bodenerosion, Versumpfung,

Versalzung

In der Gegenwart lassen sich an den Außengrenzen sowohl expansive als auch regressive

Tendenzen beobachten:

In Industrieländern sind Anbaugrenzen rückläufig, von Tendenz sind vor allem Polar- und

Höhengrenzen betroffen

-    Kontraktion der Flächen

Beispiel Lappland:

Schwanken der Anbaugrenze und der damit einhergehenden Kulturlandschaftswechsel in

Nordfinnland, dem bislang letzten großen Raum polarer Agrarkolonisation, wurde hier sehr

gut erforscht

Nach 2.WK große Flüchtlingsaufnahme – großflächige Kolonisation – neue Agrarbetriebe

entstanden – später Industrialisierung – Abwanderung in Städte – Agrargüterüberprodukti-

on – Mechanisierung der Landwirtschaft - Agrarkolonisation wurde eingestellt – verstärkte

Zentrenbildung – ländlicher Raum entvölkerte sich zunehmend (Vgl. Abb. 3.5, S. 112,

kurze Erläuterung S. 113 unten)

-    Expansion der Flächen

Anderes Beispiel – Entwicklungsländer mit starkem Bevölkerungswachstum, dem das

Wachsen der nichtagrarischen Arbeitsplätze nicht folgen kann:

Expansion der Anbauflächen – Höhengrenze des Anbaus wandert, teilweise mit verhee-

renden ökologischen Folgen

In Tropenzone gegenwärtig stärkste Ausweitung, Rodung des Urwaldes → Rodung dürfte

tiefgreifendste ökologische Folgen haben, während Überschreitung der agronomischen

Trockengrenze eher regional begrenzte Schäden im Ökosystem verursacht

4   Agrarregionen der Erde

4.1   Probleme der agrargeographischen Regionalisierung

4.1.1   Klassifikationssysteme der Landwirtschaft

- moderne Klassifikationen – Betriebssystematiken (Ordnen den Einzelbetrieb in ein hierarchisch gegliedertes logisches System) Vgl. Abb. 4.1, S. 114
  seit 1971 in BRD gültig, gegliedert in Betriebsbereich – Betriebsform – Betriebsart – Betriebstyp
  Kriterium für Einordnung ist ihr in Geld gemessener Beitrag zum sog. Standarddeckungsbeitrag des gesamten Betriebs

- Klassifizierung unter ökologischem Aspekt nach Christiansen, Unterscheidung nach 3 Ökosystemen:

  Natürliche Ökosysteme   (Sammeln, Jagen, Forstwirtschaft; beschränkt sich auf die Entnahme von Biomasse)

  Manipulierte Ökosysteme   (Nomadismus, shifting cultivation; Teile der ursprünglich biologischen Elemente wird durch domestizierte Pflanzen und Tiere ersetzt, natürliches Regenerationspotential reicht zur Aufrechterhaltung des Produktionspotentials aus)

  Transformierte Ökosysteme (Dauerfeldbau mit externen Energiezuflüssen, Bewässerung; angewiesen auf hohe Inputs von fossiler Energie und Pflanzennährstoffe)

- Weltkommission für Umwelt und Entwicklung – einfache 3-Teilung der Weltlandwirtschaft
  Ressourcenreiche, ressourcenarme, industrielle Landwirtschaft
  Globale Bodennutzungssysteme, die in Abhängigkeit von charakteristischen natürlichen Bedingungen und sozioökonomischen Entwicklungen entstanden sind.

Ressourcenreiche Landwirtschaft:

auch Landwirtschaft der „Grünen Revolution", charakteristisch für die immerfeuchten und wechselfeuchten Tropen; hohe natürliche Nettoprimärproduktion, primär bedingt durch das Strahlungsangebot und Feuchteüberschuss, natürliche Bodenfruchtbarkeit ist aber gering

v.a. in Süd- und Ostasien, Teilgebieten Lateinamerikas und Afrikas in wasserreichen Tiefebenen

Ressourcenarme Landwirtschaft:

an ungünstige Boden- und Klimabedingungen in den Trockengebieten der Erde gebunden; Ackerland nur in geringem Umfang zur Verfügung, gebunden an Böden mit höherem Wasserhaltevermögen

dominierend ist extensive Weidenutzung der Trockensteppen und Savannen

bei steigenden Bevölkerungszahlen ist Ernährung der Bevölkerung in zahlreichen Ländern nicht gewährleistet

Industrielle Landwirtschaft:

hohes Intensivierungsniveau, großflächiger Einsatz von Agrartechnik und Agrarchemikalien

vorwiegend in den gemäßigten Zonen; Hauptanbaugebiet für Körnermais und Weizen

Anbau auf Böden mit hohem natürlichen Ertragspotential und hoher Produktivität

Klima – ausgeglichene Temperaturverhältnisse und Feuchte

Nordamerika, Europa, Australien

- Umfassendste Klassifikation mit Anspruch auf weltweite Geltung – Kommission der Internationalen Geographischen Union; basiert auf 4 Hauptgruppen von Kriterien

Soziale Merkmale (Eigentums- und Pachtformen, Betriebsgrößen)

Merkmale des Produktionsprozesses (Einsatz von menschlicher, tierischer und mechanischer Arbeit, Mineraldüngeraufwand, Bewässerung, Viehbesatz)

Merkmale der Produktivität und des Produktionsziels (Flächen- und Arbeitsproduktivität, Vermarktungsquotient, Spezialisierungsgrad)

Merkmale der Agrarstruktur (Bodennutzungssysteme, Anteile der tierischen Produktion)

In 4 Gruppen sind 27 quantifizierbare Variablen zusammengefasst, daraus können 55 real existierend Agrartypen ausgeschieden werden vgl. Abb. 4.2, S.117

4.1.2   Regionalisierung des Agrarraums

Gegenwart: viele Untergliederungen des Agrarraums der Erde basieren auf dem Muster der Klima- und Vegetationszonen
→ diese geben aber nur den Eignungsraum für die landwirtschaftliche Produktion, markieren das Produktionspotential, aber nicht die tatsächlichen Produktionsverhältnisse
Potentialregionen dürfen nicht mit Agrarregionen gleichgesetzt werden
Verschiedene Ansätze zur Differenzierung vorhanden – vgl. S. 119-120
Aber: flächendeckende hierarchische Gliederung eigentlich kaum möglich, da zahlreiche fließende Übergänge bestehen

4.2   Viehwirtschaftsregionen der Erde

vom gesamten Agrarraum der Erde: 2/3 Dauergrünland unterschiedlicher Qualität
    ¾ für Erzeugung tierischer Produkte

Motive der Nutztierhaltung:
Erzeugung von Lebensmitteln, von Rohstoffen für die Bekleidung
Nutzung der tierischen Arbeitskraft, des Kots als Dünger oder Brennmaterial
außer- und semiökonomische Ziele
Oft sind verschiedene Produktionsziele miteinander gekoppelt (z.B. Fleisch- und Wollerzeugung bei Schafhaltung)

Nutzungsansprüche an gleiche Tierart können regional sehr unterschiedlich sein (Rind ist Fleisch- und Milchlieferant, in afrikanische Steppen ist Rind neben Fleisch-, Milch- und Blutlieferant auch Statussymbol = semiökonomische Funktion)

Viehwirtschaft konzentriert sich auf relativ wenige Tierarten, nur 5 haben weltweite Bedeutung (Rind, Schaf, Ziege, Schwein, Huhn); an Standorten mit extremen Klimaverhältnissen können hochspezialisierte Tierarten wie Kamel, Büffel, Lama von großer Bedeutung sein; Pferd, Esel und Maultiere werden vorwiegend als Arbeitstiere eingesetzt

Tierbestände haben sich in den letzten Jahrzehnten zahlenmäßig stark erhöht, in Entwicklungsländern mit wachsendem Lebensstandard besonders
Mit Tierbeständen wachsen auch die globalen Emissionen von Ammoniak, Methan, sorgen neben Kohlendioxid für Treibhauseffekt der Atmosphäre

Überblick über die räumliche Ordnung der Viehwirtschaft → Verbreitungsmuster der Tierpopulationen größter Bestand an Rindern und Büffeln auf dem indischen Subkontinent, Regenwald- und Savannengebiete Afrikas fallen für Rinderzucht wegen der Tsetsefliege weitgehend aus
Schafhaltung hat Schwerpunkt in semiariden und ozeanischen Klimagebieten, stärkste Bestände in Australien und Neuseeland; Hauptprodukt bilden Fleisch, Wolle
Ziege hat Schwerpunkt in tropischen und subtropischen Zonen Asiens und Afrikas, vor allem für hauswirtschaftliche Nutzung
Schwein und Huhn haben ähnliche Voraussetzungen, breiten Anpassungsspielraum, ballastarme Futtermittel in Konkurrenz zur menschlichen Nahrung, hohe Reproduktionskapazität, Eignung für Massentierhaltung, hohe Nährstoffökonomie; Haltung in extensiver Subsistenzwirtschaft und Agroindustrie; Bestandsschwerpunkte in Ackerbauregionen

4.2.1   Regionen des Nomadismus

Charakterisierung nach Scholz - Nomadismus als Lebens- und Wirtschaftsform weist folgende 4 Merkmale auf:
Viehhaltung als Wirtschaftsgrundlage
Naturweide mit spärlicher Futterproduktion erzwingt großräumige Herdenwanderungen
Viehhaltende Sozialgruppen wechseln mit den Herden den Sieldungsplatz
Genealogische Sozialgruppen sind die Träger des Nomadismus und die Eigentümer von Weiden und Herden (Herden bestehen aus Kleinwiederkäuern und Großvieh bei regional wechselnder Zusammensetzung)

<u>Produktionsziele</u> sind primär Selbstversorgung mit tierischen Produkten und Transporttieren

als tierische Nahrung sind Milch und Milchprodukte wichtiger als Fleisch, Nahrung der Nomaden besteht hauptsächlich aus pflanzlichen Produkten, werden entweder selbst angebaut oder gekauft

Nomaden sind deshalb schon immer angewiesen auf Austauschbeziehungen mit den Ackerbauern, müssen eine Überschussproduktion an tierischen Erzeugnissen erwirtschaften

<u>Produktionsgrundlage</u> der nomadischen Viehwirtschaft bildet stets die Naturweide = die natürliche Pflanzengesellschaft der jeweiligen Vegetationszone

Nomadismus – Verbreitung ausschließlich im Trockengürtel der Alten Welt

Standortvoraussetzungen sind Weideflächen, die auch noch in der Trockenzeit eine ausreichende Futterbasis bilden und genügend Wasserstellen zur Tränkung der Tiere – beide Komponenten determinieren die Tierarten

Tragfähigkeit der Naturweiden ist gering und schwankt je nach Niederschlags- und Bodenverhältnissen

→ intensive Benutzung derer führte oft zur Überformung, jedoch tragen Nomaden keine Hauptschuld an Desertifikationsprobleme in den Trockenzonen, denn Herdenwanderungen über größere Distanzen sind das einfachste und wirkungsvollste Mittel zur Regeneration der Vegetationsdecke (Leben ist hier in und mit der Natur gerichtet)

Desertifikationsprobleme steigen sehr schnell an, wenn Nomaden in ungeeignetem Milieu sesshaft werden und die Wanderungsdistanzen kürzer werden

→ Folge: Vegetationszerstörung, Ackerbau führt zur einer Degradation der Böden, wie sie das Überweiden kaum verursacht

Produktivität der nomadischen Herden ist gering, gemessen am Fleischzuwachs und an der Milchleistung – Wachstum muss sich an Vegetationsrhythmus anpassen (bei Regenzeit Zunahme, bei Trockenzeit Abmagerung)

Verschiedene Formen des Nomadismus – vgl. Abb. 4.4, S. 130

Vollnomadismus: gesamte viehhaltende Sozialgruppe begleitet die Herden bei der

Wanderung; heute relativ selten

Halbnomadismus: neben mobiler Behausung auch feste

Prozess der Auflösung des Nomadismus in Zentralasien, im Vorderen Orient und in Nord-

afrika weit fortgeschritten

Heute erfolgen die Wanderungen über größere Distanzen mit dem LKW, zur Mast wird

Kraftfutter eingesetzt, Tankwagen machen Viehbestände von Wasserstellen unabhängig –

Nomaden wandelten sich zu Viehzuchtunternehmern

Räumliche Schwerpunkte des Nomadismus sind meist identisch mit Staaten geringen

volkswirtschaftlichen Entwicklungsstandes

Hauptgründe für den Niedergang des Nomadismus:

- ð   Umwandlung der besten Flächen in Ackerland

- ð   Sesshaftmachung der Kolonialmächte und jungen Nationalstaaten

- ð   Verlust der militärischen Überlegenheit gegen moderne Heere

- ð   Verlust von Transport- und Handelsfunktion

- ð   Preisrückgang für Kamele und Pferde

- ð   attraktive ökonomische Alternativen

- ð   höhere Konsumansprüche der Nomaden

- ð   Abstufung der sozialen Rangposition gegenüber sesshaften Gruppen

Ursachen für Niedergang sind primär externe Einflüsse sich wandelnden sozioökonomi-

schen Umfeld und sekundär interner Wertewandel, der zu einer Geringschätzung der eige-

nen Lebensform führt

<u>Zukunftsperspektiven des Nomadismus:</u>

Ziel ist die Aufrechterhaltung der Fernweidewirtschaft, da hierdurch erst die Nutzung rie-

siger Trockenräume mit jahreszeitlichen wechselndem Futterangebot ermöglicht wird; da-

bei ist ein weiteres Ziel die Eingliederung der nomadischen Bevölkerung in die national-

staatliche Gesellschaft

derartige Modernisierung der nomadischen Weidewirtschaft umfasst ein Bündel von Maß-

nahmen: Schutz der natürlichen Weidegründe – Steigerung von Produktion und Vermark-

tungsquote – Verringerung des Produktionsrisikos – Infrastrukturelle und soziale Maßnahmen (vgl. S.134)

4.2.2 Regionen der extensiven stationären Weidewirtschaft

auch „Ranching" genannt

ist die rentabilitäts- und marktorientiert Alternative zum Nomadismus

nutzt semiaride Savannen und Steppen jenseits der agronomischen Trockengrenze (ähnlich

wie der Nomadismus) aber mit völlig anderen Produktionsmethoden

charakterisiert wird es durch hochspezialisierte Großbetriebe mit großen Flächen und

Viehherden Betriebe sind marktorientiert

Ursprünge: im sommertrockenen Iberien, menschenleere, semiaride Räume wurden durch

große Herden von Merinoschafen und Rindern unter Aufsicht von Hirten genutzt

Merkmale der extensiven stationären Weidewirtschaft:

Großbetriebe im Eigentum von natürlichen oder juristischen Personen

marktorientiert tierische Monoproduktion

hohes Produktionsrisiko aufgrund natürlicher und ökonomischer Faktoren

geringer Faktoreinsatz in Relation zur Fläche aber hoher Kapitalaufwand je Betriebe

Einsatz von Lohnarbeitern ist nur auf großen Flächen möglich, da

- geringes Futteraufkommen je Flächeneinheit
- Fixkostenbelastung ist je Tier um so geringer, je größer die Betriebsfläche und damit die Herde ist
- (Fixkosten: Wohnhaus, Zäune, Brunnen, Fahrzeuge etc. = Kosten, die von der Her-
  dengröße unabhängig sind)

Betriebe der extensiven Weidewirtschaft sind hochgradig spezialisiert, meist nur eine Tierart, Produktionsziel ist aber meistens noch weiter spezialisiert

→ Monostruktur hat ein sehr großes Produktionsrisiko (naturbedingte Risiken, Absatzrisi-
ken, starke Preisschwankungen), Betriebe sind sehr unflexibel, können sich nur schwer den
Marktveränderungen anpassen

Ranching zählt zu den extensivsten Agrarsystemen – Einsatz der Produktionsfaktoren Arbeit und Kapital ist extrem niedrig

Weiden werden nicht gedüngt, Stallgebäude sind in der Regel nicht erforderlich; Bodenproduktivität ist ebenfalls gering, aber wegen des riesigen Ausmaßes sind je Einzelbetrieb erhebliche Kapitaleinlagen erforderlich; relativ geringe Zahl von Arbeitskräften – Kapitaleinsatz je Kraft und Arbeitsproduktivität (Arbeitskraft kann sehr große Fläche bewirtschaften) sehr hoch

→ entscheidender Unterschied zum Nomadismus

Regionen der extensiven Weidewirtschaft haben eine extrem niedrige Bevölkerungsdichte, meist bei weniger als 1 Einwohner /km²

Entwicklungsphasen der extensiven Weidewirtschaft:

Entstehung seit dem Mittelalter, gegen Ende des 19. Jahrhunderts Einführung kapitalintensiver Methoden in der stationären Weidewirtschaft – vgl. S. 137+ Abb. 4.6, S. 138

Sozialstruktur in den Regionen der extensiven stationären Weidewirtschaft ist in den marktwirtschaftlich orientierten Staaten durch den Gegensatz von Großeigentümern und Lohnabhängigen gekennzeichnet

Seit dem ausgehenden 19. Jahrhundert – Betriebe beliebtes Anlageobjekt für Kapital nichtlandwirtschaftlicher Herkunft; Belegschaft der Betriebe ist hierarchisch gegliedert

Verbreitungsgebiet: Räume der europäischen Agrarkolonisation in Übersee und im asiatischen Teil der ehemaligen UdSSR; wurde in Räume gedrängt, deren Naturpotentiale oder Marktferne keine andere Nutzung erlaubt

wichtigstes Gebiet   trockener Westen der USA, hier hat sich ein Wandel von der Rinderzucht zur Mast in agroindustriellen Großbetrieben vollzogen, wintermildes Klima ermöglicht die Mast der Rinder im Freien

- südamerikanische Weideflächen vorwiegend von Schafen, in äquatornahen Gebieten aber vom Rind beheimatet
- Australien hat höchsten Anteil von Flächen; subtropische Winterregengebiete, die für den Weizenanbau zu arid sind, werden mit Wollschafen bestoßen, wechselfeuchte tropische Savannen dienen der Rinderzucht
- Mittelasiatische GUS-Staaten, Trockensteppen und Halbwüsten, die keinen Regenfeldbau mehr zulassen, werden von Rinder-, Schaf- und Ziegenherden beweidet

ökonomische Probleme der extensiven Weidewirtschaft:

Monostruktur und Exportabhängigkeit

4.2.3   Regionen der intensiven Viehwirtschaft auf Grünlandbasis

im weitesten Sinne auf die wohlhabenden Länder beschränkt, in denen ein ausreichender kaufkräftiger Markt für die relativ teuer zu produzierenden tierischen Produkte vorhanden ist

Schwäche der Grünlandwirtschaft: eingeschränkte Nutzungsmöglichkeiten, da nur noch Rind und Schaf von nennenswerter Bedeutung sind und einige Sonderkulturen

Untergliederung der Hauptbetriebsarten:

Rindermastbetrieb:

hält eine Milchkuhherde und zieht die männlichen Kälber zur Mast, einen Teil der weiblichen gesunden Kälber zur Ergänzung des Kuhbestands

Vorteile: Vielseitigkeit (Koppelprodukte Milch und Fleisch) und Unabhängigkeit von den Vorleistungen anderer Betriebe

repräsentativ für den kleinbäuerlichen Familienbetrieb in Europa

<u>Milchviehbetrieb:</u>

Milcherzeugung steht im Vordergrund, überschüssige Kälber werden verkauft, Mästung bis zur Schlachtreife

vorwiegend größere Betriebe bei geringem Arbeitkräftebesatz; Standort liegt mehr in den Ackerbauregionen mit Getreideanbau oder silagefähigen Futterpflanzen; Ursprung im Maisgürtel des USA, heute auch in Europa, Südamerika und Südafrika zu finden

<u>Endmastbetrieb:</u>

Schweinehaltung zur Verwertung der anfallenden Magermilch und Molke

→ Übergänge zwischen diesen 3 sind fließend

- <u>Futterbasis Grünland</u>

Grundfutterbasis bildet Dauergrünland zusammen mit dem langlebigen Wechselgrasland

Dauergrünland = vielgliedrige Pflanzengesellschaft aus Gräsern, Leguminosen und anderen Kräutern; größtenteils anthropogen aus der Rodung der Wälder entstanden, ohne menschliche Eingriffe verbuscht das Grünland

Grasnarbe hat ökologische Vorteile: schützt den Boden vor Erosion, reichert ihn mit Humus an, ist gegen Pflanzenschädlinge weniger anfällig

Intensive Grünlandbewirtschaftung versucht mit vielfältigen Methoden die Quantität und Qualität des Futterertrags zu erhöhen (Bewässerung, Walzen, Abbrennen, Kalken, Düngen...)

Kulturvegetation, weitgehend vom Menschen gestaltetes Ökosystem, nimmt im Landbau der gemäßigten Breiten eine wichtige Stellung ein

Nach Nutzungsweise lassen sich 4 verschiedene Formen des Grünlands unterscheiden:

<u>Dauerwiese</u>   (wird durch Mahd genutzt, dient vorwiegend der Heugewinnung, Vorteil – artenreicheren Pflanzengesellschaften, Nachteil – hoher Arbeitsaufwand, Wetterrisiko bei der Heugewinnung, geringes Ertragssteigerungspotentials)

<u>Dauerweide</u>   (Erntearbeiten und Wetterrisiko entfallen, Nährstoffkreislauf ist kurzgeschlossen, Stallarbeit ist reduziert)

Bei räumlicher Verteilung von Wiesen und Weiden: in Europa starker Gegensatz zwischen atlantischen Weideregionen und kontinentalen Wiesenregionen; räumlicher Gegensatz lässt sich unter klimatischen Bedingungen erklären (kontinentale Bedingungen verkürzen die Weideperiode, Bedarf an Weidefutter steigt) und Weidewirtschaft überwiegt generell bei Einzelhofsiedlungen mit großen Parzellen und hofnaher Lage des Grünlandes

<u>Wechselgrünland</u> langjährige Grasnutzung wechselt mit einigen Ackerbaujahren; dient der Futterproduktion und der Bodenverbesserung für den Ackerbau; weitverbreitet auf den Britischen Inseln, in Nordskandinavien, Neuseeland, USA

<u>Mähwiesen</u>

Grünland findet sich vorwiegend auf denjenigen Flächen, die für den Ackerbau nicht
geeignet sind, Betriebe sind deshalb wenig flexibel; Erträge des Graslandes lassen
sich nicht in gleichem Maße steigern wie beim Ackerbau, Steigerung der tierischen
Erzeugung setzt den Zukauf von Futtermitteln voraus, Betriebe werden der Preis-
Kosten-Schere ausgesetzt; auf lange Sicht ist Landbewirtschaftung, die durch Grün-
land/Rindviehhaltung genutzt werden, gefährdet

- <u>Milchwirtschaft</u>
heutige zentrale Stellung der Milchproduktion im nördlichen Europa und in den USA –
erst im Verlauf der Industrialisierung herausgebildet

Ursachen für Aufschwung der Milchwirtschaft:
Verbesserung der Preisrelation Milch/Getreide zugunsten der Milch
durch Verstädterung große Märkte für Milch und Milchprodukte entstanden
hygienische Maßnahmen führten zur Verbesserung der Milchqualität
leistungsfähige Organisationsformen für Sammlung, Verarbeitung und Vertrieb der
Milch entstanden
Tierzüchtung steigerte die Milchleistung der Kühe

In marktwirtschaftlich orientierten Ländern – Milcherzeugung in Familienbetrieben mit
relativ wenigen Lohnarbeitskräften, verantwortlich hierfür die gleichbleibende Arbeitsintensität im Jahr

Intensive Milchwirtschaft ist sehr kapitalintensiv (Aufwendungen für Stallungen, Füt-
terungs-, Entmistungs-, Melktechnik, Kühlanlagen, Güllelagerung...) – hohe Fixkosten
erzwingen die Vergrößerung des Viehbestands, auch Steigerung der Milchleistung der
Kuh senkt die Fixkosten

Nötig bei Milchwirtschaft: leistungsfähige Organisation aufgrund der leichten Verderb-
lichkeit, schnelle Sammlung und Verarbeitung, Vertrieb der Milchprodukte – in heißen
Zonen der Entwicklungsländer aus diesem Grund nicht möglich

Hoher Anteil der Butterproduktion ist vorwiegend mit der staatlichen Abnahmegarantie, aber nicht mit den Anforderungen des Marktes zu erklären; Staaten mit hohen Milchüberschüssen – Verarbeitung zu haltbaren, transportfähigen Produkten

BRD: Schwerpunkte der Milchkuhhaltung – küstennahe Grünlandgebiete und Alpenvorland

Milchproduktion der Erde ist noch stärker auf die wohlhabenden Industrieländer mit europäischer Bevölkerung konzentriert, als die intensive Viehwirtschaft insgesamt

In Entwicklungsländern: Milch spielt geringe Rolle für Ernährung; Ursache für geringe Produktivität liegt im volkswirtschaftlichen Entwicklungsstand, auch andere Konsumgewohnheiten

Führender Produktionsraum für Kuhmilch ist Westeuropa – Milchproduktion nimmt zentrale Stellung in der Marktpolitik der EU ein (in 60er und 70er Jahren übermäßige Steigerung der Milchproduktion – administrativ fixierte Preise und unbeschränkte Abnahmegarantien schalteten Marktmechanismen aus – Garantiemengenregelung über feste Milchquoten wurden deshalb eingeführt)

Russland: größere Regionen mit graswüchsigem Klima fehlen, Hauptfutterbasis ist Ackerbau, insbesondere Getreideerzeugung
USA: Spitzenstellung im weltweiten Vergleich bei Milchleistung; Milchproduktion ist regional hochgradig konzentriert, Herausbildung des dairy-belt bereits im 19. Jahrhundert; dairy-belt ist nicht monostrukturiert; 3 Faktoren, die für diese regionale Spezialisierung verantwortlich sind: kühlgemäßigtes, graswüchsiges Klima – Einwanderer aus Ländern mit traditioneller Milchwirtschaft – günstige Absatzverhältnisse in den städtischen Agglomerationen des manufacturing-belt

Neuseeland: hohe und gleichmäßig über das Jahr verteilte Niederschläge, Temperaturgang für ganzjährige Beweidung – beste Anlagen von Dauerweiden; trotz der großen Distanzen sind diese Produkte konkurrenzfähig, da die Produktionskosten extrem niedrig liegen (große Betriebe, ganzjähriger Weidegang) und das Land eine leistungsfähige Molkereiwirtschaft besitzt

4.2.4   Viehwirtschaft in flächenarmen Betrieben (Massentierhaltung)

extremste Form der (kapital)intensiven Viehwirtschaft ist Massentierhaltung in Betrieben
mit geringen oder überhaupt keinen Futterbauflächen, die auf Futterzukauf angewiesen
sind

Massentierhaltung nach Windhorst: viele Einzeltiere sind auf engem Raum konzentriert, es
liegt ein häufiger Generationswechsel vor, mit geringstem Arbeitseinsatz und unter Einsatz
mechanischer Einrichtungen zur Fütterung, Versorgung und Entsorgung wird gewirtschaf-
tet, sowie Verfütterung von hochwertigem Futter unter höchstmöglicher Ausnutzung

Frühere Vorform: bodenunabhängige Massentierhaltungen waren die Abmelkbetriebe in
den europäischen Großstädten; Entwicklung dieser Form dann erst in USA um 1960 und
dann vor allem auf dem Gebiet der Geflügelhaltung Übertragung nach Europa und andere
Erdteile; Auslösung der Produktionsform durch die verstärkte Nachfrage nach preiswerten
tierischen Nahrungsmitteln und durch den ökonomischen Zwang zur Substitution der immer teuer werdenden menschlichen Arbeitskraft
Konzentration von vielen Tieren auf engem Raum erst nach Beseitigung von Problemen
auf dem Gebiet der Tierzüchtung, Stalltechnik, Tierernährung, Tiermedizin
Große Stallanlagen, ausgestattet mit Klimaanlagen, vollautomatischen Einrichtungen für
Versorgung und Entsorgung (natürlicher Nährstoffkreislauf wurde total überlastet!)

Meistens auf eine Tierart spezialisiert bzw. auf verschiedene Lebensabschnitte, die zu suk-
zessiven Produktionsstufen führen (Unterscheidung von Zucht-, Vermehrungs-, Aufzucht-,
Mast-, Ablegebetriebe)

Betriebe erhalten einen agrarindustriellen Charakter, wenn sie mit vorgelagerten (Futter-
mittelfabrik, Stallbaufirmen) und nachgelagerten (Verarbeitung, Vermarktung) Produktionsstufen unter einer einheitlichen Unternehmensführung vereinigt sind.

<u>Agrarindustrielles Unternehmen:</u>

Kriterien der kapitalintensiven Produktion und die Vereinigung großer Produktionskapazitäten auf die Betriebseinheit kommen zusätzlich zur vertikalen Integration sowie Hierarchisierung und Dezentralisierung des Managements (vgl. Abb. 4.10,S. 154)

Bodenunabhängige Großbestandshalter arbeiten oft auf dem Kontraktweg mit bäuerlichen Betrieben zusammen, in die Teilfunktionen ausgelagert werden (Lieferung von Jungtieren, Abnahme von Gülle und Mist)

Da enormer Kapitalbedarf, keine Privatpersonen mehr, sondern anonyme Kapitalgesellschaften, Bauer wurde vom Manager abgelöst, Betreuung der Tiere durch betriebsfremde Arbeitskräfte

Im englischen Sprachgebrauch: factory-farming

Probleme bei der Zusammenfassung der Nutztiere zu großen Beständen:

Relation Raum/Tier sehr ungünstig – Konzentration verursacht erhebliche Umweltbelastungen bei der Beseitigung der Abfallstoffe – beständige Überdüngung führt zur Nitratanreicherung im Grundwasser – Geruchsbelästigungen – Seuchengefahr – ethische Gründe wie Käfighaltung, Einstallung, lichtlose Großställe – illegale Verwendung von Tierpharmaka

Standortwahl: keine Rücksicht auf natürliche Faktoren, gute Verkehrsinfrastruktur, Nähe der Importhäfen bzw. der Futtermittelwerke

BRD: vor allem Geflügelhaltung; Nordwesten - Regierungsbezirke Weser-Ems, Münster und Detmold – Schwerpunkt der Schweine- und Geflügelhaltung

Niederlande: wichtigstes westeuropäisches Zentrum der Massentierhaltung; wichtigsten Tierarten sind Schweine, Milchkühe, Legehennen; umfangreiche Futtermittelimporte; Rotterdam ist der größte Umschlaghafen für Futtermittel, als Folgeindustrie sind riesige Futtermittelwerke entstanden

USA: Schwerpunkt der Fleischproduktion bilden Rinder- und Geflügelmast; verändertes Verbraucherverhalten – Abwendung vom roten fettreichen Fleisch hin zum weißen Geflügelfleisch – Gründe: wachsendes Gesundheitsbewusstsein, niedrigere Preise angesichts stagnierender Kaufkraft; daher auch räumliche Verlagerung der Rindfleischproduktion aus dem Maisgürtel in die südlichen Great Plains und nach Kalifornien; Ursachen für Verlagerung: größere Betriebsflächen der dortigen Betriebe, Erweiterung der Futterbasis durch Bewässerung, klimatische bedingte niedrige Fixkosten für die Stallanlagen, großes Jungtierangebot aus den Betrieben der extensiven Weidewirtschaft, progressiver Betriebsführung durch qualifizierte Manager

Entwicklungsländer: Vordringen auch hier vor allem Geflügel, da schnelle, energiesparende Umsetzung des pflanzlichen Futters in tierische Produkte ermöglicht wird, Geflügelfleisch wird nicht von religiösen Speisetabus berührt

4.3   Regionen der Ackerbau- und Dauerkultursysteme

vom gesamten Agrarraum der Erde von 48,1 Mio. km² entfallen nur 14,5 Mio. km² auf Ackerland und Dauerkulturen

4.3.1   Regionen des Wanderfeldbaus und der Landwechselwirtschaft im Umbruch

ältestes und urtümlichstes Agrarsystem: Wanderfeldbau und Landwechselwirtschaft
Verbreitungsgebiet heute Entwicklungsländer in den Tropen

Wanderfeldbau: Wirtschaftsflächen als auch Siedlungen werden in einem gewissen Rhythmus verlegt; nur bei sehr großen Landreserven möglich

Landwechselwirtschaft: Siedlungen werden nicht mehr verlegt, Anbauflächen wechseln turnusmäßig

Dazwischen gibt es eine Vielzahl von Zwischenformen, Abgrenzung schwer zu ziehen (vgl. Formel nach Ruthenberg und Andreae S. 160)

Gemeinsame Merkmale: Rotation der Erde anstelle der Feldfrüchte, kurze Anbauperioden folgen lange Bracheperioden – Gebrauch von Axt und Feuer zur Beseitigung der natürlichen Vegetation – Regeneration der Bodenfruchtbarkeit durch lange Bracheperioden mit einer Sekundärvegetation

Wanderfeldbau wechselt mit Waldbrache bei hohen Niederschlagsmengen und langer Brachedauer, Regenwald herrscht vor

Wanderfeldbau wechselt mit Buschbrache bei mittleren Niederschlägen und reduzierter Brachedauer

- <u>Wanderfeldbau</u>

wesentliches Merkmal – menschliche Arbeitskraft, Zugtiere werden nur zögernd eingesetzt, Kleinvieh, Fische und Wildtiere liefern die oft unzureichenden tierischen Proteine

wichtigstes Werkzeug sind Axt und Buschmesser, Grab- und Pflanzstock, Hacke

starke soziale Interaktionen resultieren aus den arbeitsaufwendigen Rodungsarbeiten, die oft von der Dorfgemeinschaft oder der Großfamilie gemeinsam erledigt werden

Anbautechniken ähneln sich in allen Verbreitungsgebieten; auf ausgewählter Parzelle wird die natürliche Vegetation weggeschlagen und gegen Ende der Trockenzeit nach Austrocknung abgebrannt

nach erstem Regen werden die Samen oder Stecklinge in die obere mit Asche bedeckte Bodenschicht eingebracht; nach der 1. Ernte hat sich die Speicherkapazität des Bodens verringert, so dass selbst Mineraldünger weitgehend wirkungslos sind; nach der 3. Ernte wird das Land wieder aufgegeben; langfristiger Anbau wird nur auf dem hofnahem Gartenland betrieben

sehr umstrittenes Agrarsystem („bemerkenswerte Anpassung an die Umweltbedingungen der feuchten Tropen" – „flächenverschwenderisches und leistungsschwaches Nutzungssystem"

→ Abschlagen und Verbrennen schwerer Eingriff in die tropischen Ökosysteme)

niedrigste Flächenproduktivität, mittleres Niveau der Arbeitsproduktivität

kritischer Faktor immer Bevölkerungsdichte, ökologische Schäden erst bei steigenden Zahlen oder übermäßige Ausweitung der Marktproduktion (Landreserven sinken, Brachezeiten verkürzen sich, Bodenregeneration reicht nicht mehr aus)

Zunehmende Ablösung durch intensivere Agrarsysteme, heute nur noch in wenigen Gebieten mit geringer Bevölkerungsdichte – Prozess wird verursacht durch starken Bevölkerungszuwachs, Nachfragesteigerung nach Marktfrüchten als Folge der raschen Verstädterung

- <u>Landwechselwirtschaft</u>

langfristige Investitionen werden hier möglich, bevorzugtes Siedlungsgebiet an Fern-
straßen, bieten bessere Kommunikations- und Handelsmöglichkeiten

bei weiterer Landverknappung verschwindet auch die kurzzeitige Buschbrache, Übergang zur permanenten Landnutzung

↓

- <u>Bewässerungsfeldbau</u>

setzt ausreichende Niederschläge oder perennierende Flüsse voraus, anspruchsvoll vom
Kapitalaufwand wie von der Anbautechnik

- <u>Mehrjährige Baum- und Strauchkulturen</u>

brauchbare Alternativen zu den Wechselsystemen; Marktfruchtbäume müssen mit den
gängigen Nahrungsmitteln im Mischbetrieb angebaut werden

Vorteil der Polykulturen: ganzjähriger Schutz des Bodens vor Einstrahlung und Stark-
    regen, effektive Nutzung der Sonnenenergie, verringerte Erosionsgefahr, größere
    Immunität gegen Schädlingsbefall, geringere Nährstoffabfuhr, größere Erschlie-
    ßung des Bodenvolumens, kontinuierlicher Laubabfall sorgt für Humus und Mine-
    ralien

Nachteil: verhindern jegliche Mechanisierung

- <u>Agroforstwirtschaft</u>

Teile natürlichen Waldes bleiben erhalten, hinzu kommt ackerbauliche Nutzung

- <u>Feld-Gras-Wirtschaft</u>

umstrittene Einführung, da Integration von Viehhaltung in den Ackerbau erhebliche
Schwierigkeiten bereitet, Vieh muss Funktionen Nahrungslieferant, Arbeitstier und
Düngerlieferant übernehmen; Viehkrankheiten; oft problematische Futterbereitstellung
in den Tropen

Vgl. Abb. 4.13,S. 167

- <u>Dauerkulturen</u>

Pflanzen lassen sich mit einfachen Mitteln in Wanderfeldbau integrieren

Vgl. Abb. 4.14, S: 168

4.3.2   Reisbauregionen

für mehr als die Hälfte der Menschen - Hauptnahrungsmittel, aber arm an einigen Vitaminen und Kalzium, Mangelerscheinungen bei einseitiger Ernährung, liefert jedoch wieder ergänzende Proteine bei Anbau - Ökosystem mit Fischen

wichtigsten Reisproduzenten sind Japan, USA, Europa, Australien

Steigerung der Reisproduktion bildet einen wesentlichen Teil der globalen Entwicklungspolitik

Handelsgut – Reis spielt im Vergleich zu anderen Gütern eine untergeordnete Rolle, Hälfte der Erzeugung wird von den Produzentenfamilien selbst verzehrt

Reis ist vor Mais die Hauptgetreideart der Tropen und Subtropen
Urheimat ist das wechselfeuchte Südostasien
Pflanze stellt geringe Ansprüche an den Boden, beste Erträge werden auf schweren Schwemmlandböden erzielt, dagegen hohe Anforderungen an Temperatur, Einstrahlung und Wasserversorgung
Nutzung der riesigen Überschwemmungsgebiete wird durch die Fähigkeit der Reispflanze ermöglicht, Sauerstoff über die oberirdischen Organe aufzunehmen und so im Wasser zu gedeihen, obwohl es gar keine Wasserpflanze ist
in ariden und sommertrockenen Klimazonen kann Reis nur bei künstlicher Bewässerung angebaut werden
begrenzender Faktor des Anbaus ist Temperatur – bei Hauptwachstumszeit wird Minimumtemperatur von 20°C beansprucht, wegen Wärmebedarf auch Höhengrenze meist bei 1200m
Reis zählt zu den Kulturpflanzen, die in Rotation mit sich selbst verträglich sind – Eigenschaft ermöglicht einen permanenten Anbau mit 1 oder 2 Ernten im Jahr, auch Ausbildung von Agrarlandschaften – hat keine nachteilige Folgen durch permanenten Anbau für Ökosystem,
Ursachen hierfür könnten sein:

monatelange Wasserbedeckung der Felder (weniger Auswaschung, Verhinderung
der Erosion)

Nährstoffzufuhr durch Schwebstoffe im Wasser

Gründüngung durch Stoppeln und Unkräuter

relativ geringe Nährstoffentnahme wegen der Beschränkung der Ernte auf die Rispe

begünstigt sind Reisanbaugebiete auf jungvulkanischen, nährstoffreichen Böden sowie im
Überflutungsbereich schwebstoffreicher „Weißwasserflüsse" der Tropen

Reisanbau vollzieht sich in unterschiedlichen Formen:

Marktorientierte, vollmechanisierte großflächige Reisfarm Kaliforniens, Australiens – hoher Kapitaleinsatz, minimaler Arbeitseinsatz, dadurch wird eine hohe Arbeits- und Flächenproduktivität erzielt

Reisbau in Industrieländern der Alten Welt, kleine bis mittlere Betriebsgrößen, mittlerer
Arbeitsinput, hochgradige Mechanisierung, hohe Flächenproduktivität, hohe Arbeitskosten
können nur wegen der staatlichen Garantiepreise getragen werden

Javanischer Reisbauer, ohne Maschinen, hoher Arbeitseinsatz, erwirtschaftet mittlere Erträge, vorwiegend Eigenverbrauch und Pachtzins

Reisbausysteme Asiens – Unterscheidung nach dem Kriterium der Wasserzufuhr in Haupt-
formen:

<u>Trockenreisbau:</u>   - im Wanderfeldbau mit Pflanzstock

                          - in Daueracker – Rotation im Pflugbau

Wird auf offenen Feldern, hoch über dem Grundwasser angebaut, Pflanzen sind
ausschließlich auf Regen angewiesen; Flächenerträge sind niedrig, starke jährliche
Ertragsschwankungen

<u>Nassreisbau:</u> während der Hauptwachstumszeit möglichst gleichmäßig mit Wasser be-
deckt, erfordert exakte Nivellierung der Bodenoberfläche

- auf Regenstau, Felder werden durch niedrige Erdwälle eingefasst, die das Regenwasser
zurückhalten

Voraussetzung sind hohe Niederschläge und relativ durchlässige Böden; verbreitet in Gebieten mangelnder Wasserführung; nachteilig für Bodenfruchtbarkeit ist minimale
Nährstoffzufuhr durch Regenwasser; Ertragsrisiko ist sehr hoch

- im natürlichen Überschwemmungsbereich der Flüsse; dominierende Form in den Tief-
ländern des festländischen Süd- und Südostasiens; Anbau ist monsunaal-
wechselfeuchten Jahresrhythmus der steigenden und fallenden Wasserständen angepasst; Abhängigkeit vom natürlichen Abflussregime ist risikoreich: ungenügende
Wasserzufuhr, zu schnell steigende Wasserstände, zu lange Überflutungen

natürlicher Überschwemmungsbereich – Untergliederung in 3 Ökotope, vgl. Abb. 4.15, S.
173 und 174 oben

- mit künstlicher Bewässerung; Ertragsschwankungen werden ausgeglichen, Anpassung an
den Wasserbedarf des jeweiligen Wachstumsstadiums, eingebrachter Mineraldünger wird nicht ausgeschwemmt, 2 oder gar 3 Ernten im Jahr, vielfältige Rotationen
in Form von komplexen Fruchtwechselsystemen, Steigerung des Ertrags – Vorteile
haben zu einer Umbewertung großer Agrarräume geführt

Weltreisfläche ist überwiegend von natürlicher Wasserzufuhr dominiert, vor allem in Südostasien; Trockenlandreis hat Schwerpunkte in Brasilien, Afrika, Philippinen; Reisbau mit
künstlicher Bewässerung dominiert in Ostasien

„Grüne Revolution": Mitte der 60er, asiatischer Reisbau erfuhr eine Reihe von ertragsstei-
gernden Innovationen – landwirtschaftliches Modernisierungsprogramm, schnelle und
nachhaltige Produktionssteigerung, sollte dauerhaft Hunger und Armut überwinden

Züchtung von Hochertragssorten – stellen folgende Anforderungen: regelmäßige und kon-
trollierte Bewässerung, Verpflanzen statt Saat, genau dosierter Einsatz von Mineraldünger,
Einsatz von Pestiziden und Herbiziden; erfordern einen sehr viel höheren Kapitaleinsatz
für Saatgut, Agrochemikalien, Mineraldünger und Geräte; Kapitalkraft und Ausbildungs-
stand der Kleinbauern wird häufig überfordert

kam vorwiegend größeren Betrieben zugute; Kehrseiten der „Grünen Revolution": wachsende regionale Disparitäten zwischen Bewässerungsregionen und unbewässerten Agrarräumen, Ausweitung der Kluft zwischen Arm und Reich, zunehmende ökologische Probleme

Reisanbau in

- Asien: Schwerpunkt, hohe Flächenproduktivität Ostasiens aufgrund der günstigen klimatischen Verhältnisse, größerer Einsatz von Arbeitskräften, ertragssteigernde Betriebsmittel; Reiskultur in Süd- und Südostasien 2/3 der Fläche natürliche Wasserzufuhr, Anbaurhythmus ist an Monsunklima angepasst; Hauptwachstum in der feuchten Zeit, Ernte in der Trockenzeit
- Afrikanischer Kontinent: nur 3 % der Weltreisernte, obwohl er größtenteils der Tropen und Subtropen angehört, geringe Bedeutung des Reisanbaus aufgrund des Zurücktretens großer Schwemmlandebenen, hauptsächlich aber aus kulturellen Gründen
- Südamerika: Schwerpunkte sind Brasilien, Kolumbien, Peru, sehr geringe Produktion
- USA: vollmechanisierter Anbau, Hauptanbaugebiete sind Kalifornien und Gebiete an der Golfküste
- Australien: höchste Flächenerträge der Welt
- Europäischer Mittelmeerraum: unbedeutend, Anbauflächen und Produktion sind rückläufig

4.3.3 Regionen des traditionellen, kleinbetrieblichen, intensiven Ackerbaus ohne Reis

diese Typen weisen folgende gemeinsame Merkmale auf:

kleine Betriebsgrößen – mittlere bis hohe Flächenproduktivität, niedrige Arbeitsproduktivität – mittlerer bis hoher Arbeitsaufwand, niedriger Kapitaleinsatz

- *Oasenlandwirtschaft des Orients*

  jenseits der agronomischen Trockengrenze ist Ackerbau nur noch mit künstlicher Bewässerung möglich, Anbau ist auf wenige Standorte mit ausreichendem Wasserangebot beschränkt – Oasen = inselhafte Anbauflächen mitsamt ihren Siedlungen inmitten von Wüsten und Wüstensteppen

zählt zu den kompliziertesten Agrarsystemen der Erde; unterscheidet sich von den übrigen Formen des Bewässerungsfeldbaus durch ihre Komplexität hinsichtlich Anbaustruktur, Bewirtschaftungsformen, Besitzgefüge, Wasser- und Nutzungsrechte, Sozialstruktur der Oasenbevölkerung; eigentlich eine Form des Gartenbaus; menschliche Arbeitskraft überwiegt, Hacke ist Universalgerät

Oasen werden hinsichtlich der Art der Wasserversorgung differenziert

Oberflächenwasser:

perennierende Fremdlingsflüsse, große Stromoasen sind die wichtigsten Agrarräume in den Trockenzonen, periodisch fließende Gewässer, Wasserspeicher, wichtigstes Mittel zur Modernisierung der Wasserversorgung, machen unabhängig von Schwankungen

Grundwasser: natürliche Quellen

                   Grundwasserströme in Wadis

                   Grundwassersickstollen

                   Brunnen auf nichtgespanntes Grundwasser

Regionalbeispiel Gabès

Küstenoase, ausgeglichener Temperaturgang, hohe Luftfeuchtigkeit, niedrige Sommertemperaturen schließen hochwertigen Dattelanbau aus, dafür aber geringes Frostrisiko in der Litoralzone ermöglicht ganzjährigen Gemüseanbau

lebt von einem großen Grundwasserreservoir mit teilweise artesischem Charakter; Wasserrecht in Form von kollektivem, an den Boden gebundenes und unveräußerliches Wassernutzungsrecht (an natürliche Quellen gebunden, dominiert in der Kernoase) und privates Wassereigentum, ist unabhängig vom Boden (Brunneneigentümer in der Peripherie)

In ariden Klimaten muss der Bewässerung eine Entwässerung zur Folge stehen, ansonsten Versalzung des Bodens

hier dominieren Klein- und Kleinstbetriebe; die im Islam begründete Realteilung ist Hauptgrund für diese Betriebsstruktur

3 Bewirtschaftungsformen: Eigenbewirtschaftung (60 %) – Geldpacht mit 2-jähriger Pachtdauer (15 %) – Khammessat (Teilpacht, 25 %)

für Arbeitsspitzen oder unangenehme Arbeiten wandern Tagelöhner aus den überbevölkerten Binnenoasen Südtunesiens zu

Anbauspektrum ist äußerst vielseitig, auch für die einzelnen Betriebe, vielgliedrige Kulturpflanzengesellschaft wird durch Klimagunst ermöglicht, durch gute Verkehrsanbindungen zu den Absatzmärkten, durch Kleinstbesitz, der zu intensiven Anbauformen zwingt

Luzerne bildet die Futterbasis für die Oasentiere und dient als Bodenverbesserer

Oasenlandewirtschaft befindet sich hier im vollen Wandel von der Subsistenz- zur Marktwirtschaft

Landarbeit im Orient genießt seit jeher ein geringes Sozialprestige, Anreiz zur Abwanderung hoch, Selbstversorgungsgrad der früher weitgehend autarken Oasen wird immer geringer

von Rezession der Oasenlandwirtschaft bleiben die großen Stromlandoasen unberührt, Anbau erfolgt hier stärker auf offenen Feldern, Oasentyp ist leicht zu modernisieren

- *Kleinbetriebliche Kakaobauregionen Westafrikas*

Kakaoanbau nimmt eine Sonderstellung ein: Konzentration des Anbaus auf wenige tropische Entwicklungsländer – Konzentration des Konsums auf wenige Industrieländer – extreme Preisschwankungen für das Produkt – Dominanz kleinbäuerlicher einheimischer Betriebe in den afrikanischen Hauptanbaugebieten

Kakao zählt zu den wenigen tropischen Produkten, die fast keinen Binnenmarkt besitzen, ca. 90 % der Produktion muss exportiert werden; Abnehmer ausschließlich Industrieländer

Preisschwankungen bilden ein ungelöstes Problem für die Produzentenländer

Kakaobaum bevorzugt Temperaturen von ca. 25-28°C, Niederschläge von 1500-2000 mm im Jahr, aride Zeit darf nicht 3 Monate übersteigen, Böden sollten tiefgründig und gut dräniert sein; Anpflanzung erfolgt entweder durch direkte Saat oder durch Anzuchtpflanzen aus dem Anzuchtbeet; voller Ertrag setzt nach 10 bis 12 Jahren ein, hält dann bis zum 30. Lebensjahr, dann rascher Ertragsabfall ökologischer Vorteil dieser Baumkultur ist geringe Nährstoffentnahme aus dem Boden, Beschattung, ständiger Laubfall als Nährstoff- und Humuslieferant, Mischpflanzungen möglich

Nachteil ist die leicht Anfälligkeit gegenüber Pflanzenkrankheiten und tierischen Schädlingen, besonders bei Monokulturen

Geldertrag je Flächeneinheit ist recht hoch, Kakaoproduktion Westafrikas wird vorwiegend von Kleinbauern getragen

Einführung der Kakaopflanze als Exportpflanze hat in Westafrika zu sozialen Differenzierungen geführt; Boden war ursprünglich Kollektiveigentum der Stämme
Arbeitskräfte bestehen aus Familienangehörigen, Pächtern, Lohnarbeitern

4.3.4 Regionen des spezialisierten Marktfruchtanbaus

in Gesellschaften mit ausgeprägter Arbeitsteilung, entwickelter Geldwirtschaft und intensiven Fernhandelsbeziehungen kann es zur Ausbildung von Agrarsystemen kommen, die auf Erzeugung auf einige wenige pflanzliche Produkte spezialisiert sind
Untergliederung in 2 Typen, die sich nach Betriebsgröße, Faktoreinsatz und Sozialstruktur stark unterschieden:

Großbetriebe:

niedriger Arbeits- und hoher Kapitaleinsatz, hohe Flächen- und sehr hohe Arbeitsproduktivität, sehr hohe Vermarktungsquoten, sehr hoher Spezialisierungsgrad, Einsatz von Lohnarbeitern
Marktfruchtbetriebe der gemäßigten Klimazonen weisen die meisten dieser Merkmale auf, die früher den Plantagen zugeschrieben waren

Kleinbetriebe:

hoher Arbeits- und Kapitaleinsatz, sehr hohe Flächen- und Arbeitsproduktivität, sehr hoher Spezialisierungsgrad, sehr hohe Vermarktungsquotienten, Einsatz von familieneigenen Arbeitskräften
vorwiegend Baum- und Strauchkulturen, Gemüse, Zierpflanzen, Garten-, Wein- und Obstbaubetriebe

unterscheidet sich vom Großbetrieb durch viel geringere Betriebsfläche, hat höhere Intensität und Flächenproduktivität, familieneigene Arbeitskräfte

- *Plantagenregionen*

Verschiedene Definitionen:

Merkmale einer Plantage nach Gerling: Erzeugung von Rohstoffen der tropisch-subtropischen Klimazonen – intensive Wirtschaftsweise – Großbetrieb mit ausgedehnten Kulturflächen und mit teilweise technisch-industriellem Charakter – hohe Kapital- und Arbeitermengen – Weltmarktorientierung – Führungskräfte und Eigner sind in der Regel Europäer oder Nordamerikaner – Tendenz zur Monokultur

Nach Doppler: Plantagen sind marktorientierte Betriebssysteme mit Dauerkulturen, die durch eine hohe Flächenkapazität, hohe Kapitalinvestitionen und Lohnarbeitsverfassung gekennzeichnet sind; Zielsetzung ist meistens die Maximierung der Kapitalrendite und Unternehmensgewinn

Nach Lebensdauer Unterscheidung von 3 Untertypen:

- kurzfristige Investitionsperioden in Dauerkulturen mit Anpassungsmöglichkeiten an die Marktverhältnisse in Zeitspannen von 3 bis 5 Jahren; mehrjährige Feldkulturen wie Ananas

- mittelfristige Investitionsperioden in Dauerkulturen mit Anpassungsmöglichkeiten an den Markt innerhalb von 10 bis 20 Jahren bei Strauchkulturen wie Kaffee

- langfristige Investitionsperioden in Dauerkulturen mit Anpassungsmöglichkeiten innerhalb einer Zeitspanne von 20 bis 50 Jahren; Baumkulturen wie Ölpalmen

Plantage hat 500 jährige Geschichte, 3 Entwicklungsphasen:

- klassische Plantage des 16.-19. Jahrhunderts; Produktionsziel waren hochwertige tropische Spezialprodukte für den europäischen Markt (Zucker, Rum, Tabak, Kaffee, Gewürze); Plantagengürtel erstreckte sich von Virginia über die Karibik bis nach Nordost-Brasilien

- moderne kapitalistische Plantage in der 2. Hälfte des 19. Jahrhunderts; Industrialisierung und Verstädterung ließen die Nachfrage nach tropischen Produkten steil ansteigen; mit Kühlschiffen wurde auch der Transport von verderblicher Ware möglich; aufgrund Sklavenbefreiung Probleme der Beschaffung von Arbeitskräften; Schwerpunkt der Plantagenwirtschaft wurde daher in die asiatischen Tropen verlagert, nach Ostafrika und Ozeanien

- Plantage der Postkolonialzeit; Devisenmangel und Fehlen alternativer Exportprodukte zwingen die Entwicklungsländer, die Exportorientierung ihrer Plantagen aufrechtzuerhalten; neue Definition der Plantage in der Postkolonialzeit: sie ist aufzufassen als ein auf die Produktion und unmittelbare Verarbeitung von Pflanzen spezialisiertes Wirtschaftsunternehmen unter zentralem Management, das wissenschaftliche Methoden und effiziente Produktionstechniken anwendet

Kulturen, die ihren Anbauschwerpunkt in Plantagen haben, sind überwiegend Dauerkulturen mit ganzjähriger Erntezeit – aus ökologischer Sicht dienen Dauerkulturen besser der Erhaltung der Bodenfruchtbarkeit als Feldkulturen
Unterscheidung zwischen einfacher technischer Aufbereitung und industrieller Verarbeitung zu Fertigprodukten
hohe Fixkosten haben bereits schon früh die Monokultur gefördert – jedoch aus ökologischen und ökonomischen Gründen geht Tendenz zu Polykulturen

gravierender Nachteil der Baum- und Strauchkulturen mit ihrem langen Produktionsvorlauf von 4-8 Jahren ist die geringe Elastizität des Angebots, Anpassung an den Markt ist nur langfristig möglich

vorteilhaft aus der Sicht der Entwicklungsländer ist der hohe Bedarf der Dauerkulturen an Handarbeit, relativ gleichmäßig über das Jahr verteilt; jedoch Hierarchie der Lohnempfänger wie in Industriebetrieben – Entkolonialisierung hat lediglich den Dualismus zwischen Weißen und Farbigen sowie den ausländischen Kontraktarbeitern beseitigt

trotz niedriger Löhne sind Plantagen sehr lohnintensive Betriebe
soziale Gliederung der Plantagenbevölkerung spiegelt sich in der hierarchisch strukturierten Plantagensiedlung wider, können auch die Bevölkerungszahl einer Kleinstadt erreichen; Ausstattung derartiger Werksiedlungen mit Infrastruktur- und Versorgungseinrichtungen übertrifft oft den Standard ländlicher Gebiete
Vorteile der Plantage: höhere Flächenproduktivität und Produktqualität, ist für Exportfähigkeit entscheidend; Arbeitsproduktivität und davon abhängig die Einkom-

mens- und Lebensverhältnisse sind oft besser als in den benachbarten bäuerlichen Regionen; waren die Wegbereiter des wissenschaftlich-technischen Fortschritts in der tropischen Landwirtschaft, moderne Plantagentechnik kann sich den ökologischen Problemen der Tropen flexibler anpassen als die Kleinbauern

Nachteile der Plantage: vorwiegend politischer Art; Abhängigkeit von ausländischen Märkten mit extremen Preisschwankungen; Plantagenregionen sind angewiesen auf die Zufuhr von Grundnahrungsmitteln; sozialen Problematiken

Zukunft – Aussichten: im Zuge der Entkolonialisierung ging die Zahl und die Betriebsflächen der Plantagen in den meisten tropischen Ländern stark zurück, jedoch heute wieder Förderung von den jungen Nationalstaaten; neue agrarindustrielle Organisationsformen – Agrarbusiness = komplexes Produktionssystem, das von der Inputbeschaffung über Produktion, Verarbeitung und Vermarktung reicht

- *Marktfruchtregionen in der BRD*
volkswirtschaftliche Entwicklung, v.a. der rasche Anstieg des allgemeinen Lohnniveaus, zwang die Landwirtschaft zu einer Unkombination der Produktionsfaktoren
entscheidender Schritt zur Minimierung des Arbeitsaufwandes: Reduzierung bzw. Aufgabe der Viehhaltung und die Spezialisierung auf den Anbau von Marktfrüchten
Voraussetzung ist ein Standort, der ausschließlich Ackerbau erlaubt und nicht mit absolutem Dauergrünland belastet ist, vorwiegend in den neuen Ländern
Übergang zu einfachen getreidereichen Fruchtfolgen wurde durch Mechanisierung, durch agrochemische Hilfen und durch staatliche Preis- und Absatzgarantien ermöglicht

- *Dauerkulturregionen der gemäßigten Breiten: Obstbauregion Niederelbe als Beispiel*
Wein, Obst, Hopfen zählen zu den Dauerkulturen, heben sich durch folgende Merkmale von den Ackerbaukulturen ab: Langlebigkeit – starke Bindung an naturbegünstigte Standorte – Anbau meist in Monokultur – hohe Arbeitsintensität und Arbeitsspitzen – hohe Kapital- und Ertragsintensität – hohes Risiko – komplexe

Anbautechniken, erfordern ein hohes Ausbildungsniveau – aufwendige Verarbeitungs-, Lager- und Absatzeinrichtungen und Absatzorganisationen – starke Überformung der Kulturlandschaft – lange Anbautraditionen in vielen Dauerkulturregionen

Dauerkultur – Langlebigkeit, geringe Flexibilität des Betriebes, auf Veränderungen des Marktes kann nur langsam reagiert werden

Handarbeitsaufwand ist trotz gewisser Mechanisierung noch sehr hoch, kleine Betriebsflächen dominieren im europäischen Westen

Trauben- und Obsternten absolute Arbeitsspitzen im Jahr, Pflückmaschinen können Handarbeit nicht ersetzen, oft nur mit Saisonkräften zu bewältigen; Hopfenernte dagegen weitestgehend mechanisiert

hoher Kapitalaufwand errechnet sich aus den Kosten für Neuanlagen, für Betriebsmittel, Lager- und Verpackungseinrichtungen, fehlende Einnahmen bis zur ersten Ernte; dem stehen hohe Einnahmen je Flächeneinheit gegenüber

Dauerkulturen sind in Mitteleuropa mit einem relativ hohen Risiko verbunden, wetterbedingte Schwankungen – um Risiko abzufedern: Erzeugergenossenschaften, die Verarbeitung, Lagerung, Verpackung und Absatz übernehmen

Dauerkulturregionen unterschieden sich trotz der gemeinsamen Merkmale nach Alter, Genese, Produktionsrichtung und Absatzverflechtung

Beispiel Obstbauregion Niederelbe:

größte geschlossene Obstbauregion in BRD; Tradition reicht bis ins Spätmittelalter zurück; Hauptursache für Ausbildung der Obstbauregion war anfangs die Nähe des Hamburger Absatzmarktes, Möglichkeit der Verschiffung; Träger des Obstbaus damals unter- und kleinbäuerliche Schicht

natürliche Ausstattung für Obstbau ist günstig, da gelegenes Marschland, maritimes Klima, ausreichende Niederschläge, hohe Luftfeuchtigkeit, geringes Spätfrostrisiko

Obstbau erfordert Spezialkenntnisse sowie Maschinen und Einrichtungen, die sich nur in größeren Betrieben rentabel einsetzen lassen; Arbeitskräftebesatz ist sehr hoch

sehr stark fallen die Lagerungskosten ins Gewicht – Verkaufssaison dauert über 10 Monate, bei vielen Sorten Qualitätsabfall, Spezialkühlhäuser, die Sauerstoffgehalt reduzieren

hohem Aufwand entspricht ein hoher Ertrag

4.4   Regionen der landwirtschaftlichen Gemischtbetriebe

Integration von Ackerbau und Viehzucht in ein und denselben Betrieb war bisher in Europa, soweit es der gemäßigten Klimazonen angehört, etwas Selbstverständliches
aus weltweiter Sicht bleibt der Gemischtbetrieb dennoch ein Sonderfall, hervorgegangen
aus der mittelalterlichen Dreifelderwirtschaft des nordwestlichen Europa

Charakterisierung mit folgenden Merkmalen: kleine bis mittlere Betriebsgrößen mit mittlerem Arbeits- und hohem bis sehr hohem Kapitaleinsatz – hoher Flächen- und Arbeitsproduktivität – hohe Vermarktungsquoten – Orientierung auf gemischte pflanzliche und tierische Produktion

4 wichtigsten Merkmale sind: Integration der Betriebszweige Ackerbau und Viehwirtschaft – Vielfalt von Feldfrüchten und Nutztieren – Familienbetrieb – hoher Vermarktungsquotient

Bzw. Gemischtbetrieb umfasst nur diejenigen Betriebe, welche aus keinem der 4 Betriebszweige Marktfrucht, Futterbau, Veredelung und Dauerkultur mehr als 50 % der Einnahmen erzielen

Integration von Ackerbau und Viehwirtschaft hat zur Folge, dass das Ackerland vorwiegend der Futtererzeugung für das betriebseigene Vieh dient
Feldpflanzengesellschaft: dominierend ist Getreide, Hackfrüchte in Europa, Grünmais, Luzerne und Klee
Sozialstruktur wird in allen Regionen mit Gemischtbetrieben vom Familienbetrieb geprägt, Familieneigentum mit Zupacht ist die dominierende Form
Vermarktungsquote liegt über 90 %, Selbstversorgung untergeordnete Rolle
unter den Agrarsystemen der Erde ist das der Gemischtbetriebe eines der produktivsten mit Spitzenleistungen der pflanzlichen und tierischen Produktion, auch aus ökologischer Sicht ist seine Stabilität bemerkenswert

5   Die Welternährungssituation

ist gekennzeichnet durch extreme räumliche Disparitäten – westliche Industrieländer mit
kaum mehr absetzbaren Überproduktionen von Agrarprodukten „Überernährung"– wachsende Zahl von Entwicklungsländer mit Nahrungsdefiziten „Unterernährung"

Welternährungsproblem lässt sich nicht auf ein Verteilungsproblem reduzieren, sondern
basiert auf der prekären Zahlungssituation der Entwicklungsländer

nach Anwachsen der Agrarproduktion im 19. Jahrhundert – durchschnittlicher Konsum er-
reichte den Wert von 3000 kcal/Tag, Nahrungskorb wurde auch umgeschichtet (Konsum
von tierischen Produkten, Zucker, Obst, Gemüse Pflanzlichen Ölen und Alkohol stieg an,
Bedeutung von Brot und anderen Getreideprodukten ging zurück

Bewertung der Welternährungssituation hat in den letzten Jahrzehnten stark zwischen pes-
simistischen und optimalistischen Beurteilungen geschwankt:
um 1970 Optimismus aufgrund der „Grünen Revolution", wurde schnell von Katastro-
phenszenarien nach schweren Ernteausfällen und rapide steigenden Getreidepreisen in den
Jahren 1972 bis 1974 abgelöst – sehr bekannt in diesem Zusammenhang die Warnungen
des „Club of Rome" mit seinem Bericht über die „Grenzen des Wachstums"; im Jahre
1974 Welternährungskonferenz – Ziel: innerhalb einer Dekade die Unterernährung in der
3. Welt zu beseitigen, jedoch leider nicht geschafft!, jedoch beachtliche Produktionssteige-
rungen in den Industrie- und Entwicklungsländern ließen zeitweise das Ernährungsproblem in den Hintergrund treten
in den letzten 20 Jahren hat sich die Diskussion über die Gründe von Hunger und Unterernährung in der 3. Welt von einer angebots- zu einer nachfrageorientierten Betrachtungsweise verschoben; Schlüsselproblem: mangelnde Kaufkraft breiter Schichten; Armut ist
Kern des Problems der Unterernährung

Nach Bohle und Krüger – 3 theoretische Ansätze zur Erklärung von Nahrungskrisen:

- wachsende Kluft zwischen Nahrungsmittelerzeugung und Nahrungsmittelbedarf, einem schnellen Bevölkerungswachstum steht eine stagnierende oder nur langsam wachsende Nahrungsproduktion gegenüber

- verfügungsrechtliche Grundlagen; Hungersnöte entstehen, weil bestimmte Bevölkerungsgruppen die Möglichkeit verloren haben, Lebensmittel zu produzieren, zu erwerben oder einzutauschen

- krisen- und konflikttheoretische Ansätze; Hungersnöte werden eher als kurzfristige Kulminationspunkte einer langdauernden, strukturellen Krise verstanden

5.1   Definitorische und methodische Probleme

Hunger (gleich Hungergefühl):   Komplex unangenehmer Gefühle, die sich bei Nahrungsentzug bemerkbar machen

Hungern: Ergebnis einer über eine gewisse Zeit andauernden drastischen Verringerung der Nahrungsaufnahme; Folgen sind schwere funktionelle Störungen und Organveränderungen

Unterernährung: krankhafter Zustand, der aus einer unzureichenden Nahrungsaufnahme über eine längere Zeitspanne resultiert, manifestiert sich vor allem in verringertem Körpergewicht

bis Anfang der 70er Jahre folgende Unterscheidung:

Unterernährung: unzureichende Energiezufuhr

Mangelernährung: spezifischer Mangel an einem oder mehreren Nährstoffen

besonders lange war Kernproblem der Welternährung: Eiweißversorgung (Fehlen von essentiellen Aminosäuren); nach neueren Ergebnissen scheint der menschliche Organismus aber einen höheren Anteil des Getreideeiweißes auszuwerten

für Entwicklungsländer geht FAO von einem Grundumsatz von 1520 kcal aus

Zur Quantifizierung der Unterernährung werden 2 Methoden angewandt:

Stichprobenerhebung

Bilanzierung von Nahrungsangebot und Nahrungsbedarf auf Länderbasis

jedoch gibt es keine Methode, mit der eine exakte Zahl der Unterernährten ermittelt werden könnte (Zahlen schwanken zwischen 400 Mio. und 800 Mio. Hungernden auf der Welt)

5.2   Unterernährung im historischen Kontext

unter dem Begriff des Welternährungsproblems verstecken sich 2 verschiedene Problem:
zeitlich und räumlich begrenzte Hungersnöte
chronische Unter- und Mangelernährung weiter Teile der Erdbevölkerung

Hungersnöte werden heute ausschließlich mit den Entwicklungsländern verbunden, sie traten jedoch bis ins 19. Jahrhundert aber überall auf der Erde auf; in Indien und China noch bis zur Mitte des 20. Jahrhunderts Massensterben mit Millionen von Toten
diese zeitlich und räumlich begrenzten Hungersnöte ereignen sich aus einem Zusammenwirken natürlicher (extreme Witterungsbedingungen wie mehrjährige Dürre, Überschwemmungen, Hagelschlag, epidemisch auftretende Krankheiten, Schädlinge bei Kulturpflanzen) und anthropogener (vor allem im Gefolge mit Kriegen, innerstaatliche Konflikte) Faktoren

chronische Unterernährung der unteren sozialen Schichten in den Entwicklungsländern – zurückzuführen auf unbefriedigende Wirtschafts- und Sozialverhältnisse, die sich in niedriger Produktionsleistung oder mangelnder Kaufkraft ausdrücken – diese Form des Hungers war Hauptaugenmerk der Forschung in den letzten Jahrzehnten – erklärbar durch gesellschaftliche Strukturdefizite
Ursachen:
starkes Bevölkerungswachstum – ökologische Zerstörungen des Acker- und Weidelandes – nationale Agrarpolitik begünstigt die Stadtbevölkerung auf Kosten der Landbevölkerung – Schäden durch den internationalen Agrarhandel, subventionierte Nahrungsmittelexporte aus den Industrieländern schädigen die Produzenten in den Entwicklungsländern

5.3 Entwicklung von Bevölkerung und Nahrungsmittelproduktion

im Jahre 2010 wird ein Stand von 7,2 Milliarden Menschen erwartet

dieses hohe Wachstum ist die Hauptursache für den zunehmenden Bedarf an Nahrungsmitteln neben dem einkommensbedingten Nachfragezuwachs

spektakulärste Verbesserung wurde mit 50 % in Ostasien erzielt

Menschheit ist in ihrer Gesamtheit heute quantitativ und qualitativ besser ernährt als je in ihrer Geschichte, abgesehen von den beiden Großregionen Ostasien und subsaharisches Afrika

Verbesserung der Ernährungssituation ist mehrheitlich durch die Steigerung der Agrarproduktion erzielt worden

5.4 Verbreitungsmuster der Unterernährung

20 % der rund 4 Milliarden Bewohner der 3. Welt gelten als unterernährt

räumliche Schwerpunkte der Unterernährung liegen in Süd- und Ostasien und in Afrika – vgl. Tab. 5.4, S. 220

Indien: die Hälfte der Bevölkerung lebt ständig am Existenzminimum, max. 2 Mahlzeiten am Tag

Subsaharisches Afrika: hier treten noch alle 3 Formen des Hungers auf, episodische Hungersnöte, saisonale Nahrungsverknappung am Ende der Trockenzeit, chronische Unterernährung der unteren sozialen Schichten

Lateinamerika: extrem disparitäre Sozialstruktur ist für die Unterernährung verantwortlich

5.5 Ausblick

Zuwachsraten der Weltagrarproduktion werden weiter absinken

Gründe: ökologische Hemmnisse – Aufzehrung der letzten Landreserven – Gesetz des abnehmenden Ertragszuwachses – langsamer wachsende Nachfrage nach Nahrungsmitteln, diese resultieren aus der Abnahme der Geburtenrate und immer größer werdender Teil nähert sich der Sättigungsgrenze, liegt bei ca. 3000 kcal/Kopf/Tag

Vgl. Tab. 5.5, S. 222

In allen 3 Großräumen wird der Prozentsatz der Unterernährten auf einen Wert von 4 fallen, von 12 %

Ernährungsproblem dürfte also in vielen Entwicklungsländern das Jahr 2010 überdauern

Vgl. Übersicht 5.1, S. 223